FARMING
农业种植系列读物
邹 彬 吕晓滨 编著

U0208908

优质茶叶
生产新技术

河北科学技术出版社

图书在版编目(CIP)数据

优质茶叶生产新技术／邹彬，吕晓滨编著. -- 石家庄：河北科学技术出版社，2013.12(2023.1重印)
ISBN 978-7-5375-6581-3

Ⅰ.①优… Ⅱ.①邹… ②吕… Ⅲ.①茶树-栽培技术②茶叶-加工工业 Ⅳ.①S571.1②TS272

中国版本图书馆 CIP 数据核字(2013)第 268975 号

优质茶叶生产新技术

邹 彬 吕晓滨 编著

出版发行		河北科学技术出版社
地 址		石家庄市友谊北大街 330 号(邮编:050061)
印 刷		三河市南阳印刷有限公司
开 本		910×1280　1/32
印 张		7
字 数		140 千
版 次		2014 年 2 月第 1 版
		2023 年 1 月第 2 次印刷
定 价		25.80 元

Preface
☞ 序

　　推进社会主义新农村建设，是统筹城乡发展、构建和谐社会的重要部署，是加强农业生产、繁荣农村经济、富裕农民的重大举措。

　　那么，如何推进社会主义新农村建设？科技兴农是关键。现阶段，随着市场经济的发展和党的各项惠农政策的实施，广大农民的科技意识进一步增强，农民学科技、用科技的积极性空前高涨，科技致富已经成为我国农村发展的一种必然趋势。

　　当前科技发展日新月异，各项技术发展均取得了一定成绩，但因为技术复杂，又缺少管理人才和资金的投入等因素，致使许多农民朋友未能很好地掌握利用各种资源和技术，针对这种现状，多名专家精心编写了这套系列图书，为农民朋友们提供科学、先进、全面、实用、简易的致富新技术，让他们一看就懂，一学就会。

　　本系列图书内容丰富、技术先进，着重介绍了种植、养殖、职业技能中的主要管理环节、关键性技术和经验方法。本系列图书贴近农业生产、贴近农村生活、贴近农民需要，全面、系统、分类阐述农业先进实用技术，是广大农民朋友脱贫致富的好帮手！

中国农业大学教授、农业规划科学研究所所长
设施农业研究中心主任　　张天柱

2013年11月

Foreword 前言

　　农业是国民经济的基础，是国家稳定的基石。党中央和国务院一贯重视农业的发展，把农业放在经济工作的首位。而发展农业生产，繁荣农村经济，必须依靠科技进步。为此，我们编写了这套系列图书，帮助农民发家致富，为科技兴农再做贡献。

　　本系列图书涵盖了种植业、养殖业、加工和服务业，门类齐全，技术方法先进，专业知识权威，既有种植、养殖新技术，又有致富新门路、职业技能训练等方方面面，科学性与实用性相结合，可操作性强，图文并茂，让农民朋友们轻轻松松地奔向致富路；同时培养造就有文化、懂技术、会经营的新型农民，增加农民收入，提升农民综合素质，推进社会主义新农村建设。

　　本系列图书的出版得到了中国农业产业经济发展协会高级顾问祁荣祥将军，中国农业大学教授、农业规划科学研究所所长、设施农业研究中心主任张天柱，中国农业大学动物科技学院教授、国家资深畜牧专家曹兵海，农业部课题专家组首席专家、内蒙古农业大学科技产业处处长张海明，山东农业大学林学院院长牟志美，中国农业大学副教授、团中央青农部农业专家张浩等有关领导、专家的热忱帮助，在此谨表谢意！

　　在本系列图书编写过程中，我们参考和引用了一些专家的文献资料，由于种种原因，未能与原作者取得联系，在此谨致深深的歉意。敬请原作者见到本书后及时与我们联系（联系邮箱：tengfeiwenhua@ sina. com），以便我们按国家有关规定支付稿酬并赠送样书。

　　由于我们水平所限，书中难免有不妥或错误之处，敬请读者朋友们指正！

编　者

CONTENTS
目 录

第二章 茶树良种的选择和繁育

第三章 优质茶园的建设及高效管理

第四章　茶树树冠的优良管理

第五章 茶树病虫草等灾害防治

第六章 茶叶采摘的科学方法

第七章　优质茶叶加工技术

第八章 茶叶的保鲜贮藏与包装

第一章

茶树生育的
特性和环境

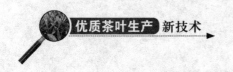

第一节 茶树的生育特征和特性

一、茶树的形态

茶树为高等植物,属被子植物门、双子叶植物纲、山茶目、山茶科、山茶属。其地上树冠部分由茎、叶、花、果实、种子组成,地下根系部分由长短粗细不一、色泽不同的茶根组成。

1. 根 茶树的根系部分从最初的胚根发育而成,由主根、侧根、须根组成(图1-1)。扦插、压条繁殖的茶树,根系由营养器官的分生组织分化而成,通常只有侧根和须根,主根则往往不明显。

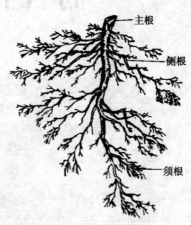

图1-1 茶树根系形态示意图

主根粗而垂直向下，生长能力很强。生长在土层深厚的红、黄壤里的茶树，主根多深达 1m 以上；在沙质土里，主根可深达 2~5m；而在有硬盘结构的黏质土里，则只在硬盘上的表层土内生长。

横向生长的侧根着生在主根上，大多分布在 60cm 以内的土层里。主根和侧根的寿命较长，呈棕灰色或红棕色，主要作用是固定茶树，并将须根从土壤吸收来的水分和养分输送到地上部分，且贮藏地上部分合成的有机养分，以供生长需要。

须根又称吸收根，呈白色透明状，上面着生根毛，主要作用是吸收土壤中的水分与养分。另外，根系也能合成部分有机物质。须根的分布有一定的规律，大致分 3~4 层。一半以上分布在水平幅度 80cm、深度 40cm 范围内，其中深度在 20~30cm 的根幅最大，往往达 140~160cm。

随着时间的推移和环境的变化，根系可以发展为两种类型：分枝根系（图 1-2）和丛生根系（图 1-3）。分枝根系的特点是侧根发育强壮，粗度和长度均与主根相似，甚至超过主根。这种根系多出现在茶树的壮年期，可以最大限度地利用土层，吸取土壤中的养分，是茶叶丰产的性状。丛生根系主要沿水平方向生长，多出现在有硬盘结构土壤的表层。这种根系是由于土层较浅，地下水位较高，主根衰退或移栽时被切断，由侧根发育而成的。

由于耕作技术和环境条件的不同，根系结构可能发生各种各样的变化。例如：合理深耕，可以促使根系向土壤深层发展；施肥太浅，可能诱导根系向土壤表层生长；中耕除草不及时，可能破坏茶树根系的结构。因此，茶园耕作应该按照茶树根系分布的特性，避免根系的损伤。

2. 茎　茶树的茎由最初的胚茎生长发育而成，由树干和枝条组成。茶树通过树干向上和四周扩展，获得阳光雨露和空气。枝条的绿色部分进行光合作用，制造有机物质。

茎主要由韧皮部、木质部和髓三部分组成，主要功能是通过木

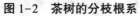

图1-2　茶树的分枝根系　　　图1-3　茶树的丛生根系

质部将根部吸收来的水分和养分送给枝叶；同时通过韧皮部将叶片光合作用合成的有机物质输送至根部贮藏；髓则是贮藏养分的重要场所。

　　按照茎部分枝部位的不同，茶树可分为乔木型、半乔木型和灌木型（图1-4）。乔木型茶树植株高大，主干明显，分枝从主干上抽出，多为野生。半乔木型茶树植株较高，虽有明显主干，但分枝部位离地面较近，多分布在热带茶区。灌木型茶树植株较为矮小，主干也不明显，大部分骨干枝从靠近地面的根茎部生长而出，呈丛生状态，是目前栽培最为普遍的品种，尤其是在东南茶区的皖、浙、湘等地区。

　　3. 芽和叶　芽是茶树枝、叶、花的原始体。芽位于枝条顶端，称为顶芽；着生在枝条叶腋间，称为腋芽。顶芽和腋芽，统称为定芽。另外还有生长在树干茎部的不定芽，又称为潜伏芽。潜伏芽在树干发生之初就存在，虽然由于树干的粗壮而隐伏在树皮内处于休眠状态，但依然保持着生命力，只要将其上部枝干砍去（如重修剪、台刈等），新的枝条就可以萌发出来。

　　叶被称为茶树养分的加工厂，是茶树重要的营养器官。叶片进

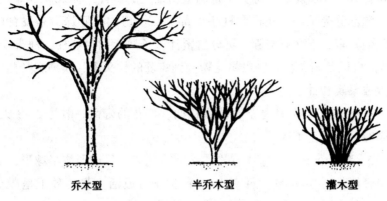

乔木型　　　　半乔木型　　　　灌木型

图1-4　茶树类型

行光合作用生成的有机物质和能量可以满足茶树生长发育的基本需求。同时，叶还是茶树进行蒸腾作用和呼吸作用的重要器官，蒸腾作用能够散发树体因阳光照射而累积的热量，并促使根系吸收更多的水分和养料；呼吸作用可以和外界交换氧气与二氧化碳。更重要的是，人们种茶主要是为了采收幼嫩的芽叶制造成茶品。所以，处理好采叶和留叶的关系更为重要。

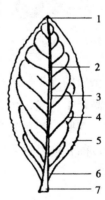

图1-5　茶树的叶片

叶（图1-5）分为叶柄和叶片两部分。叶片互生，有锯齿、短柄和叶脉。叶脉多为8～12对，少为5～7对。中间有一条主脉，沿主脉分生出侧脉，侧脉至叶缘2/3处向上弯曲，呈弧形与上方支脉相连。叶的形状有椭圆、圆、卵、倒卵、披针等几种，色泽有浅绿、绿、深绿、黄绿、红、紫等。

1. 叶尖　2. 叶片

3. 主脉　4. 侧脉

5. 叶缘　6. 叶基

7. 叶柄

4. 花　茶花由花托、花萼、花瓣、雄蕊和雌蕊组成，为两性花，开花较多，多是白色或淡黄色，少数为粉红色。

雄蕊排列数轮着生于雌蕊的周围，每

一雄蕊分花丝、花药两部分，是制造精细胞的器官，有200~300枚。

雌蕊分为子房、花柱和柱头三部分。子房内有胚珠，是发育卵细胞的器官，下面有蜜腺，可分泌蜜汁；子房上面为花柱，柱头3~5裂，可以黏附花粉。昆虫将花粉传到雌蕊的柱头上，卵细胞受精后发育成果实和种子。

每年的10~11月是茶花的盛花期。茶花的寿命一般是2~3天，阴雨时可延长至1周左右。

5. 果实和种子 茶果（图1-6）为蒴果，呈球形或半球形，少数呈肾形，有3~4室，每室1~2粒种子。成活力强的种子呈黑褐色，略带光泽，富有弹性，内部子叶饱满。

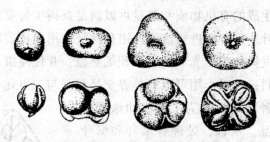

图1-6 茶果形状

茶树的坐果率较低，一般不超过10%。根据生产实践，茶农若要提高茶子产量，可以严格控制采摘，蓄养春夏茶，多施有机肥料和磷、钾肥；还可以在开花盛期进行人工授粉，时间最好在上午9点钟以前；或者放养蜜蜂，增加授粉机会。

二、茶树的生命周期

一棵茶树的一生，要经历萌芽、生长、开花、结果、衰老、更新到死亡的生命过程，短的数十年，长的可达上百年。在茶树的整个生命周期中，茶树树体本身要发生一系列变化。

根据茶树生育的特点及生产过程中的实际应用，茶树的一生可划分为幼苗期、幼年期、成年期（包括青年期、壮年期）和衰老期四个生物学年龄时期。

1. 幼苗期　茶树幼苗期是指从种子发芽萌发到幼苗出土、第一次生长休止时为止，或从利用茶树枝条进行扦插到形成完整独立的植株为止。这一时期需要4~8个月。

茶子播种→吸水膨胀→种壳破裂→胚根显露伸长→胚芽萌发→幼苗出土→真叶展开→第一次生长休止，这是茶树实生苗的完整生长过程。在田间条件下，冬播或春播的茶子在4月上中旬开始陆续萌发，幼苗在5月中下旬开始出土，至6月中旬可以齐苗。温度适宜（25~30℃）、水分充足（土壤含水量不低于田间持水量的70%）和通气良好的土壤环境，是茶子萌发的三个基本条件。

扦插育苗应选用粗壮、叶片不受伤的插穗。发根前，应控制水分的供给和光照强度；发根后，根可以从土壤中吸收养分，此时应保证水肥供应，促进插穗的生长发育。

茶树在幼苗期容易受到恶劣环境的影响，如高温、干旱等。此时的茶苗不耐强光，对光照的要求不高，叶片细嫩，容易散失水分，根系伸展不深，没有分出较多的侧根，很难抵御旱害。因此在栽培管理上，应及时供应水肥，保证新植园地全苗、壮苗。

2. 幼年期　幼年期指茶树从第一次生长休止到茶树正式投产的时期。这一时期时间的长短与栽培管理水平、自然条件有着密切的关系，一般为3~4年。

　　幼年期茶树拥有很强的可塑性，必须做好定型修剪工作，以抑制茶树主干的生长，促进侧枝生长，培养粗壮的骨干枝，形成浓密的分枝树型。同时，要求土壤深厚、疏松，使根系分布深广。这一时期是培养树冠采摘面的重要时期，绝对不能乱采，否则可能影响茶树的生育机能。另外，此时茶树的各种器官都比较幼嫩，尤其是一至二年生的茶树，对各种自然灾害的抗性较弱，要注意干旱、冷冻、病虫等危害。

　　3. 成年期　茶树正式投产到第一次进行更新改造，这一时期称为成年期，又称青、壮年时期。这一生物学年龄时期，可长达20~30年。成年期茶树的产量和品质都处于高峰阶段，属生育最旺盛的时期。

　　作为茶树一生中最有经济价值的时期，成年期应采取的主要农业技术措施是加强培肥管理，保持茶树旺盛的树势，及时培养更新整理树冠，合理采摘并配合其他综合栽培管理技术，尽量延长这一时期的年限。

　　4. 衰老期　从第一次更新开始到植株死亡为止的时间为茶树的衰老期。这一时期的时间因管理水平、环境条件、品种的不同而长短不一，通常可达数十年。

　　衰老期茶树的生育特点是：育芽能力逐渐衰退，树冠分枝明显减少，根茎出现自然更新现象，逐步以徒长枝代替衰老枝，地下部分吸收根减少，细小的侧根开始死亡，茶叶产量和品质不断下降，虽然开花仍然较多，但结实率较低。这一时期应该加强肥培管理，同时根据茶树生长情况，分别采用深修剪、重修剪、台刈或抽刈等方法，促使新的枝条发育，使茶树树冠重新形成，提升茶叶产量和品质，形成又一个高产周期。然而步入衰老期的茶树，尽管离自然衰亡还有一定年限，可以依靠人为措施维持其生长，但是更新次数越多，更新周期越短，复壮效果越差，所获经济效益越低。此时应采取果断措施，换种改植或更新重植，重建"茶园"。

三、茶树生长的年变化

随着环境条件的周期性变化，茶树每年都有一个年发育周期，进行萌芽发枝、开花结实等生命活动，这又称为茶树的年变化。

1. 地下部分与地上部分的活动　在年周期内，茶树根系的活动不仅受气候、土壤等环境条件的影响，而且与树体内养分积累的多少有关。在不同的时期内，地下部分的生长势有强有弱，生长量有多有少。但根系的生长总是与地上部分新梢的生长交错进行。

当地上部分生长旺盛时期，则是地下部分生长缓慢时期；当地上部分生长缓慢时期，则是地下部分生长旺盛时期。一年内，茶树地下部分（根系）适应地上部分的活动，可以出现三个生长高峰，时间分别是3~4月、5~6月和9~10月，其中9~10月的生长高峰比前两个生长高峰都大，持续时间也更长。掌握茶树的这一生长规律，可以在茶树根系生长高峰期内正确进行中耕、除草、施肥等农业技术措施，以达到最大的效果。

2. 新梢的生长与休眠　通常日平均气温达到10℃以上，几天后茶芽就开始萌动生长，逐步长成新梢。其生长顺序是：芽体膨胀→鳞片开展→鱼叶（奶叶）开展→真叶开展→驻芽形成。

我国多数茶区新梢的生育期为6~8个月。如果新梢不经采摘，则驻芽经过短期休止后，继续生长。这样能重复生长2~3次。如果经过采摘，小桩顶端留下的1~2个腋芽，又可以各自萌发成新梢。这样在栽培条件下，每年可萌发4~6次。茶树新梢多次萌发的特点，对茶叶生产有重要意义。每次萌发情况略有差异：由于春季雨水充沛，加上茶树在越冬期积累了大量的养分，因而一旦气温适宜，春梢很快就开始生长，而且萌发较为整齐、旺盛；夏秋季气温偏高，茶树体内的养分相对不足，加上旱季受温湿条件的限制，这些都不利于新梢的正常生长；入冬以后，新梢的生长受到低温的限制，进入休眠。

3. 叶片的生长与脱落　叶片由叶原基发育而成，其生长成熟的时间各不相同（春梢较长，夏梢较短），大约需要 20 天。在生长过程中，叶片有三次明显的伸展活动：先由内折到反卷，再由反卷到平展，最后定型。

叶片的寿命也不相同，一般为期一年，很少能达到两年。其中春梢的寿命最长，夏秋梢的较短。由于气候变化和耕作技术的影响，有些叶片往往不到一年便已脱落。每年 5~7 月是茶树的落叶盛期，6 月为最高峰。所以在落叶前期采摘时，应该保留一定的新叶，以满足茶树正常生长的需要。

4. 开花与结果　入夏以后，腋芽分化发育成花。一般春梢孕育的花芽，营养较为丰富，开花较早，坐果率较高；而夏梢孕育的花芽，数量通常最多，却营养不足，坐果率不高；秋梢孕育的花芽，则大多不能结果。

从花芽分化至种子成熟，前后历时 15~16 个月。因此，在一个年周期的 6~11 月，同一茶树上既可以看到当年的花、蕾，又能够看到上年的果实。这就是茶树的"带子怀胎"现象，其在热带地区表现尤为突出，是茶树的一种重要特征。

栽培茶树的目的是采摘茶叶，而不是采收茶果。然而花果在生殖发育期间会抑制茶树的营养生长，因此茶农多采取一系列的农业技术措施，加强茶树的营养生长，抑制花果的形成，以达到茶叶丰收的目的。

第二节 茶树生长的气候条件

　　茶树是典型的亚热带作物，具有喜温、喜湿、喜阴的生态特性。因此选择茶树的生长地区，必须将气候条件作为重要条件之一，光照、温度和水分等是与茶树生长关系最为密切的气候因素。

一、光照

　　阳光不仅是茶树进行光合作用的能源，而且能引起大气和土壤温湿度的变化，因而对茶树的生长发育有着一系列直接或间接的影响。

　　光是植物进行光合作用形成碳水化合物的必要条件，影响着植物的生长发育。茶树光合作用的强弱在很大程度上取决于光照强度。例如同一行茶树，由于受到阳光的照射强度不同，发育就会有所不同。即使是同一株树，光照条件差的枝条往往发育得较为细弱，叶片大而薄、叶色浅，质地较松软，水分含量相对增高；而光照充分的叶片，细胞排列紧密，表皮细胞较厚，叶片较为坚实，颜色相对较绿且富有光泽。

　　光的性质也影响着茶树的生长发育和茶叶品质，通常红光、黄光更容易被茶树吸收利用。而到达地面的太阳辐射主要分直射光和漫射光两种，漫射光中含有的红光和黄光比直射光多，几乎可全部被茶树利用，因此茶树适合在漫射光中生长。在生产实践中，营造防护林，在茶园四周与道路两旁植树造林，不仅可以减少直射光、增加漫射光，而且可以保持生态平衡。

茶树原本生长在大森林中，在漫长的环境适应过程中形成了耐阴的特性。尽管经过人工引种和长期栽培，茶树对光的适应性变得更为强大，但适当遮阳对改善绿茶茶汤滋味有着积极作用。就茶叶品质来说，低温高湿、光照强度较弱的条件下生长的鲜叶，含有较多的氨基酸，对制作香浓、味醇的绿茶十分有利；在高温强日照条件下生长的鲜叶，含有较多的多酚类物质，有利于制成汤色浓郁、滋味强烈的红茶。

为了更有效、更经济地利用光能，在茶树的栽培上可以选择不同的茶树株型、种植密度、排列方向和修剪树型，通过这些措施调节光照强度。但茶树具体是否需要遮阳，应当根据当地光照的强度和茶树的类型来决定。

二、温度

温度不仅制约着茶树的生长发育速度，而且影响着茶树的地理分布，是茶树生命活动的必要因素之一。温度对茶树的影响，主要表现在空气温度和土壤温度两方面。空气温度（气温）主要影响地上部分的生长，土壤温度（土温）主要影响根系的生长，但二者通常是相互联系在一起的。

在茶树生育的每一个阶段，有三个主要的温度界限，称为三基点温度：最适温度、最低温度和最高温度。茶树在最适温度下的生长发育效果最好，速度最快；在最低和最高温度下，茶树则停止生长发育，但仍能维持生命活动。不同品种和不同生育时期的茶树，其三基点温度也是不同的。

一般认为，茶树经济栽培最适宜的年平均气温应在13℃以上，茶树生长季节的月平均气温则不能低于15℃。日平均气温连续数天达到10℃以上时，茶芽便开始萌动；随着气温的升高，新梢生长加快。最适宜新梢生长的日平均气温为18~30℃。但气温大于35℃，会抑制茶树的生长。如果高温天气延续7天以上，造成大气和土壤干旱，茶树就会出现旱热灾害。7~8月，我国华东、中南茶区经常出现这种现象。

秋冬季节，气温下降到10℃以下，茶树地上部分进入休眠状态，停止生长。低温对茶树的危害，与低温发生的时期、持续时间的长短有关，而不同品种的茶树对低温的忍受程度也有所不同。例如，两广及云南等地栽培的大叶种茶树，低于0℃时，新梢就开始出现受害症状；而栽培在长江中下游广大地区的中小叶种茶树，有的甚至在-15℃左右，还不会出现严重冻害。因此，引种茶树不仅要考虑品种的生产性能，还要考虑到本地的气温条件。尤其是当冬季北风强劲，雨雪全无，气温与土温都很低的情况下，更会大大加重茶树的受害程度。

另外，茶树的生长发育和温差也有较大的关系。温差包括日夜温差和不同日期的温差。温差大则茶树的生长发育缓慢，尤其是早春茶芽开始萌动或秋冬季茶树进入休眠以后，如果温差过大，茶树将会受害。在春季，日夜温差小，茶树的生育表现良好；在夏季则恰好相反，日夜温差大，生育情况甚佳。例如一些高山茶区和北方茶区，尽管日夜温差大，新梢生育较为缓慢，但持嫩性强，并且同化产物累积多，对茶叶品质的提高非常有利。

三、水分

枝叶繁茂的茶树在生长的过程中，大量发育嫩芽，不断制造有机物质，需要大量的水分供应。除了生理必需水分，降雨量和降雨季节的分配，对茶叶的产量和品质的影响都很大。

据测定，水分占整株活茶树的 55%~60%，其中，新梢的含水量高达 70%~80%。在茶叶采摘过程中，由于新梢不断萌发、不断采收，因而需要不断地补充水分。所以，茶树的需水量远多于一般树木。适宜种茶地区的年降雨量通常在 1500mm 左右，茶树生长季节的月降雨量大于 100mm 以上。茶树生长季节耗水多，休眠期间耗水少。因此，即使是年降雨量在 1000mm 的地区，只要全年降雨量分布适当，也可以种茶树。雨量分布不适当的，可通过灌溉等供水措施加以补充。据测定，适宜茶树生长的空气湿度应大于 70%，田间持水量应保持在 70%~90%。

茶树是一种"既喜水、又怕水"的作物。当茶园排水不良或地下水位过高造成水分过多时，由于土壤通气不良，缺乏氧气，阻碍了根系的吸收和呼吸，很容易造成茶树根部受害，导致吸收根减少，主根和侧根渐渐变为黑褐色；相对应的地上部分则叶色变黄，枝干回枯，落叶严重，造成湿害。此时茶园必须采取排水和填土措施，才能改善这种情况。而水分过少，茶树新梢生长缓慢，发芽量减少，叶形变小，叶色失去光泽，很快形成对夹叶，尤其是遭遇严重干旱时，先是新梢顶点停止生长，接着成熟叶片的水分被夺取，使成熟叶片失水萎蔫下垂，甚至脱落。严重者可导致枝叶枯焦，甚至植株死亡。

四、其他

除了光照、温度和水分，风、雹、霜、雪、雾等因素对茶树的生长发育也有一定的影响。例如，来自东南暖和湿润的季风，往往有利于茶树生长；而来自西北寒冷干燥的内陆风，通常不利于茶树生长；较为潮湿的轻风、微风可以调节茶树水分的平衡，加强叶子的蒸腾作用，促进光合作用的进行。

冰雹冲击茶树，会造成叶破梢断。如伴随有强风，则受害更为严重，可能引起大量落叶，甚至导致树梢表皮受害。

霜对茶树的生长非常不利。无论是春季出现的晚霜冻还是秋季出现的初霜冻，均对茶树有很大的危害。

雪对大部分茶区而言，只出现在较严寒的冬季。据实践观察，在大雪覆盖的情况下，茶树耐寒力可提高 3~5℃。如果积雪厚度大，在茶树树冠上形成一层保护层，可以保护树体温度，避免冻害。但如果降雪又遇干风，则容易造成茶树枝叶受冻。

雾经常出现在山区茶园，如果雾日时间长，雾度大，可以增加大气湿度，同时改变茶园光照条件，在适宜的气温下有利于茶树的生长发育。

第三节　茶树生长的土壤环境

一、土壤性状

　　茶树的生长发育离不开光照、温度、水分、空气和养分五大环境因素，而土壤提供了茶树所需的极大部分的水分和养分，包括一部分温度和空气；同时，茶树常年扎根立足在土壤中，其生长与土壤质地的好坏、养分含量的高低、酸碱度的大小、土层的厚薄等有着不可分割的关系。

　　1. 土壤质地　茶树必须生长在湿润的土壤环境中，但土壤不能积水。土壤水分过多，会通气不良，形成土壤缺氧环境，使茶树生长不良，严重的根部变黑腐烂，引起死亡。因此，种茶的土壤必须拥有良好的排水性能，地下水位应在地表 1m 以下，最好是土质疏松、通气性良好的壤土或沙壤土。

　　2. 土壤酸碱度　茶树的根系汁液中含有较多的有机酸，如果生长在碱性土壤中，碱的侵入会对根系细胞造成破坏。茶树只能生长在酸性土壤中，pH 值的范围一般为 4.0~6.5，其中以 pH 值 4.5~5.5 为最好（表 1-1）。酸性土壤含有较多的铝离子，酸性越强，铝离子越多。对大多数植物来说，铝不是重要元素，甚至有毒害作用，但茶树不同，健壮的茶树含铝量高达 1%左右，才能够较好地满足茶树对铝的需要。同时，酸性土壤含钙较少，钙虽然是茶树生长的必要元素，但含量不能太多，如果超过 0.3%，就会影响生长；超过 0.5%，茶树就会死亡。一般酸性土壤的含钙量正好符合茶树生长的需要。

表 1-1　土壤 pH 值对茶树生长的影响（克/株）

pH 值（H_2O）	4.0	5.0	5.5	6.0	7.8	8.0
地上部重	3.60	4.41	7.50	4.50	1.83	1.15
地下部重	1.55	2.63	4.87	2.90	1.33	1.00

最简单的土壤酸碱度测定方法，是用石蕊试纸比色测定，也可以实地调查酸性指示植物做出判断。一般来说，生长有铁芒萁、映山红、马尾松、杉木、杨梅、油茶等植物的土壤都为酸性，适宜种茶。

3. **土壤厚度**　茶树根系发达，是多年生的深根性植物，在土层深厚的土壤中可以得到良好的发育。适宜茶树生长的土壤，不但表土层要厚，而且全土层也要厚（图 1-7）。据实地试验测定：同一块地，同一品种和相同管理条件下，茶叶产量与土层深度的关系十分密切。通过表 1-2 可以看出，土层深度越厚，茶叶产量越高。

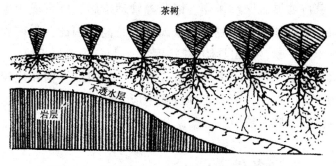

图 1-7　茶树长势与土层深度关系示意图

表1-2　茶叶产量与土层深度的关系

土层深度（cm）		茶叶产量
幅度	平均	（干茶千克/亩）
38~49	43	130.4
54~57	65	168.9
60~82	73	219.0
85~120	102	267.6
120以上	—	361.3

实践证明，种茶的土壤深度一般应不少于60cm。然而在考虑土层厚度时，还必须结合当地成土母岩的种类和风化程度。例如浙江龙井区的白沙土，尽管表土不厚，但通过深翻和重施有机肥料等改土措施，母岩很快风化为烂石，这种土壤依然适宜种茶，并可获得高产优质的制茶原料。

只要地区的土壤质地、酸碱度和土层厚度基本满足茶树生长的要求，就可通过施肥、耕作、铺草等管理措施，培育成为丰产的茶园土壤。土壤基础条件越高，茶园单产越高。因此，低产劣质茶园应通过土壤诊断，找出具体限制因素，有目的地改良土壤。

此外，适宜种茶的土壤，还应有良好的团粒结构和比较丰富的营养物质。所以，在茶园管理过程中应及时增施有机肥料、合理耕锄，以促进形成团粒结构，改良土壤。

二、地形条件

局部的气候、土壤和茶园管理的效率都与地形有着重要的关系。茶园地形条件，主要指四个方面：海拔高度、地势起伏、坡度和坡向。

1. **海拔高度** 海拔高度不同的地区，其热量条件也不同。在海拔 1500m 以下，一般每升高 100m，温度降低 0.3~0.4℃。随着海拔的增高，茶园积温减少，茶树生长期也随之缩短。茶园海拔为 200~700m，茶树往往生长良好，茶叶产量和品质也较好；超过 1000m 的茶园，茶树生长不如前者，且易发生白星病。

2. **地势起伏** 一般来说，地势起伏越小，越有利于茶园集中成片，有利于水利建设和机械操作。地势起伏与地形类型有关，通常指的是地表的相对高差，平地高差通常小于 20m，丘陵高差不超过 100m，切割山地可超过 100m。因此茶园建设在平地或缓坡比丘陵地有利。但有的地区茶树主要种植在丘陵山地，所以在选择茶园地块时，不必强求集中成片、水利建设和田间机械作业，应按照实际情况具体设计。另外，热量和水分的分布也与地势有关。例如，四周没有屏障的孤山，山间峡谷冷空气容易下沉，冬季易遭受冻害，不适宜种茶；近海地区，特别是高山迎风面，受海洋季风的影响，夏季容易遭受狂风暴雨袭击，引起土壤冲刷，因而建园时应注重保土措施。

3. **坡度** 茶园接受太阳热量的多少和温度的昼夜变化与坡度大小有关。同样向阳的南坡，坡度大的接受的太阳辐射量比坡度小的多。但随着坡度的增大，水土冲刷加重，对茶树生长也不利。据测定，坡度在 20° 的新垦茶园，第一年的土壤冲刷量可达到每亩 16.7 吨，是坡度为 5° 的茶园（每亩冲刷量 4.95 吨）的 3 倍多。因此，新茶园的坡度最好不超过 30°。因为坡度太陡，不但建园费工，而且管理困难，茶叶产量也不会高。

4. **坡向** 与谷地、平地茶园相比，向阳的坡地茶园由于受光面积大，可以减轻或避免寒风的袭击，冷空气容易下沉，因而冬季的气温相对较高。南坡与北坡相比，更容易获得较多的热量，近地面的地温比较高，蒸发量较大。因此在夏季较为干旱的地区，南坡种茶尤其要注意抗旱保水。东坡和西坡的效果介于南坡与北坡之间，然而东坡上午温度高，下午温度低，西坡却恰好相反，但总体来说，东坡温度不及西坡。在茶园建设时，对这些情况应有所考虑。

第四节 我国主要茶区的环境条件

根据我国茶区的地域差异、产茶历史、品种分布、茶类结构和生产特点，我国茶树栽培区域大致划分为华南、西南、江南、江北四大茶区。

1. 华南茶区　华南茶区位于南岭以南、元江、澜沧江中下游的丘陵和山地，包括福建和广东中南部，广西和云南南部以及海南和台湾，是我国气温最高的一个茶区。此区南部为热带季风气候，北部为南亚热带季风气候，年平均气温为18~20℃，大于或等于10℃积温在6000℃以上，年极端最低气温高于-3℃，极端最低气温大于0℃的保证率在80%以上，冻害基本不会发生。1月份平均最低气温在5℃以上，相对湿度75%~85%，绝大部分地区年降水量在1500mm以上。整个茶区高温多雨，水热资源丰富，适宜茶树尤其是大叶种茶树栽培。本区土壤大多为砖红壤和赤红壤，部分是黄壤。本区茶树资源极其丰富，以乔木型或半（小）乔木型的狐妖茶树品种为主，部分地区分布有灌木型的茶种。红茶、普洱茶、六堡茶、绿茶和乌龙茶等茶类均有生产。

2. 西南茶区　西南茶区位于米仓山、大巴山以南，红水河、南盘江、盈江以北，神农架、巫江、方斗山、武陵山以南，大渡河以东，包括贵州、四川、重庆、云南中北部和西藏东南部等地。此区气候温暖湿润、水热资源充裕，年平均气温为15.5~18℃，绝大部分地区大于或等于10℃积温都在5000℃以上（云贵高原略偏低）。冬季有秦岭大巴山屏障可有效阻挡寒潮侵袭，气候较为温和。区内无霜期210~230天，年降水量1000~1600mm，茶树生长季节4~10月份，月平均降水量大多在100mm以上，相对湿度80%左右，可以有效满足茶树的生长需要。区内大部分地区为盆地、高原，土壤类型复杂，川北地区土壤变化尤其大，滇中北以赤红壤、山地红壤和棕壤为主；川、黔及藏东南以黄壤为主。pH 5.5~6.5，土壤质地较黏重，有机质含量一般较低。区内茶树资源较为丰富，灌木型、小乔木型和乔木型等茶树品种类型都有栽培，生产的茶类有红茶、绿茶、普洱茶、边销茶和花茶等。

3. 江南茶区　江南茶区是我国茶叶的主产区，位于长江以南，大樟溪、雁石溪、梅江、连江以北，包括广东和广西北部，福建中北部，安徽、江苏和湖北省南部以及湖南、江西和浙江等省份。此区基本属于中亚热带季风气候，南部为南亚热带季风气候，四季分明，具体表现特点为春温、夏热、秋爽、冬寒。全年平均气温为15~18℃，冬季气温一般在-8℃。年降水量1400~1600mm，春夏季雨水最多，占全年降水量的60%~80%，秋冬季则较少，易发生伏旱或秋旱。此区宜茶土壤基本为红壤，部分为黄壤或黄棕壤，还有部分黄褐土、紫色土、山地棕壤和冲积土等，pH 5.0~5.5。此区资源丰富，产茶历史悠久，茶树品种主要是灌木型中叶种和小叶种，小乔木型的中叶种和大叶种也有分布。绿茶、红茶、乌龙茶、白茶、黑茶以及各种特种名茶均有生产，西湖龙井、君山银针、黄山毛峰、洞庭碧螺春等品质优异、经济价值较高的历史名茶，更是世界驰名。

4. 江北茶区　江北茶区是我国最北的茶区，位于长江以北，秦岭、淮河以南，包括甘肃、陕西和河南南部、湖北、安徽和江苏北部以及山东东南部等地。此区属北亚热带，部分地区属暖温带。年平均气温除西南部分地区，多在 15℃左右，全年大于或等于 10℃的积温在 4500℃左右。最冷月份平均气温 2~5℃，极端最低气温的多年平均值在-10℃以下，其极端值低于-12℃时，茶树易受冻害。区内地形复杂，与其他茶区相比，气温低，积温少。因地形较复杂，有的茶区土壤酸碱度略偏高，宜茶土壤多为黄棕壤，部分为山地棕壤，土质黏重，肥力不高，是在常绿阔叶混交林的作用下而形成。本区种植茶树品种多为灌木型中小叶种，抗寒性较强。绿茶是其主要生产茶类，香高味浓，品质较优。

第二章

茶树良种的选择和繁育

选择良种是农业增产最经济、有效的措施。在茶叶生产上选择、繁育及推广良种，对提高茶叶的单产，改进品质，增强抗性，扩大种植区域，适应机械采茶，提高经济效益等作用显著。

优良茶树品种的获得，可通过选择、引种、杂交等多种途径，而选择法是作物育种中最普遍的一种方法。

一、选择的基本原则

茶树是饮料作物，商品性很强，因此优良品种选育必须具备两个基本点：一是茶类的适制性；二是品质优良。茶树品种选育的主要标准可概括为：

1. **早生优质**　优质是良种选育的首要目标，其认定要综合考虑茶叶的色、香、味、形四项品质要素。例如，绿茶应细紧绿润，幽香持久，鲜浓回甘；红茶应乌润显毫，浓郁鲜甜，浓酽爽口；乌龙茶要乌润砂绿，馥郁如兰，鲜滑隽永。

在品质或综合性状较好的前提下，发芽或开采期比当地种提早10~15天，也可列入选择目标之内。

2. **高产**　在正常管理措施下，苗期生长健旺，投产后（7~8年）品质达到或超过一般水平，亩产干茶达125kg以上，正式投产后亩产稳定在150kg以上。

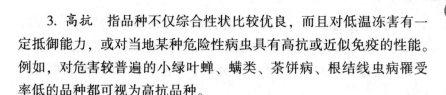

3. 高抗　指品种不仅综合性状比较优良，而且对低温冻害有一定抵御能力，或对当地某种危险性病虫具有高抗或近似免疫的性能。例如，对危害较普遍的小绿叶蝉、螨类、茶饼病、根结线虫病罹受率低的品种都可视为高抗品种。

4. 多用途　例如，茶叶中含量较多的次生代谢物质，其中绿原酸有防癌作用（如大叶茶含量高达0.9%以上，中小叶茶一般不低于0.5%），有待开发；国外还比较重视茶叶咖啡因含量较低的茶树品种的选育，在保证品质因素的综合要求下，如果咖啡因含量不超过2.0%，就有突出的应用价值。

此外，随着机械采摘程度的提高，生产者对品种发芽的一致性、整齐度、持嫩性也必然有更高的要求。

二、茶树性状选择的标准

选择良种，必须从各个方面考察茶树性状，包括茶树的叶片、芽叶以及其他有关的特性。

1. 植株　茶树植株要高大，树冠广阔，树势健壮，分枝疏密适度，树姿呈半开展状。茶树高而树冠大，所构成的采摘面就大，个体的发芽数多；茶树分枝疏密适度，有利于叶片进行光合作用，芽叶生长肥重；树姿与树冠同分枝密度是相适应的。

节间较长、分枝角度较大是树冠枝条的另一优良标志。具有这样特征的，它的顶端优势强而木质化较慢，因此持嫩性佳。但要注意的是，节间长的往往抗逆性弱，在旱季或严冬有脱叶现象。还有一种被称为"晒面茶"的类型，它的芽叶突出密生在树冠上层，也是一种丰产标志，通过修剪更容易显示其特性，有利于机械采茶。

2. 叶片　茶树叶片要大、长、尖、软，叶面隆起而富有光泽，叶色绿而鲜艳。芽叶肥重，产量高、品质好的品种一般叶片长、大，品质低下的叶片则往往薄而粗硬，叶色深暗。然而暗绿色叶的茶树，对低温的忍受力较强，有利于抗寒。叶肥厚而柔软，叶色较浅而富有光泽，叶面隆起而显波缘，表示植株活力充沛、育芽性强、适制性好，但是具有这样特征的品种大多经不起干旱、寒冻和病虫害的侵袭。

成茶的外形品质和叶片的形状有关，以外形著称的茶类，如条索美观的红、绿茶用长形的叶片加工比较容易。叶片形态还与某些化学成分有一定的关系，例如，叶端尖长，单宁含量高；叶面特别隆起具有强光泽，咖啡因含量较多。

叶片的解剖特征，主要是测定海绵组织同栅状组织的比值，比值高则表明叶质柔软而内含物丰富。叶质硬、抗逆性强的标志是表皮细胞壁厚，栅状组织层次多，下表皮气孔小而密，海绵组织细胞紧列。

3. 芽叶　优良茶树品种发芽要早，芽壮而长，茸毛细密，呈绿色或黄绿色，育芽性强。芽头尖壮而不成驻芽的，不"散条"，叫作"蕻子茶"，易成驻芽的叫作"鸡毛茶"。这除了与树势有关，也与品种有关。嫩度好、品质佳的特征是嫩叶的芽头尖锐，背卷而茸毛丰富，古时叫作"鹰爪"。

色泽不同，芽叶的化学成分含量也有不同，优良品种的茶单宁、水浸出物、咖啡因等化学成分含量一般较高。但由于不同茶类对化学成分要求有所不同，所以不在选择上过于强调。

4. 花果　如果不是以采收种子为目的，则开花早、开花多和结实多的茶树通常都是低劣的类型。茶花、茶果的大小与茶叶的大小有正相关趋势，因此选择茶叶品种，以大形花果为佳。

总体来说，优良茶树品种应具有发芽早、育芽多、树冠大、叶色绿、芽叶重、伸育快、制茶好、采摘期长、适应性强、新梢持嫩佳等性状特征。

三、茶树选种的基本方法

单株选择法是茶树品种选育最为简便有效的方法，就是从原始群体中，按一定的性状特性，选择出符合要求的单株，分别扦插育苗，分别种植，通过鉴定比较选择出最优良的单株系，快速繁殖培育出新的品种。

当所希望的某一个经济性状，与茶树生物学特性不协调或者无关时，用单株选择法可以取得良好的效果。原因是单株选择法不仅是以个体当代的性状作为选择的依据，而且还能对入选的个体后代进行鉴定。通过单株选择法，可以获得遗传性比较巩固、性状较纯一的品种，同时后期的繁殖系数也是相当大的。5~6 年，一个单株至少可以繁殖苗木 5 万株。

无论是成龄茶树或台刈茶树，还是幼年茶树或幼苗，都可以是茶树单株选择的对象。选择步骤：

首先，从原始材料中选出优良的单株。

其次，观察鉴定入选的单株，分别进行繁殖。

再次，比较鉴定有希望的单株系苗木。

最后，选拔优良单株系作为品种的开端，然后大量繁殖参加品种比较试验或生产试验。性状显著优良而稳定的品种可以直接向生产上推广。

四、茶树品种的鉴定

茶树品种的鉴定主要包括三个方面的内容，即产量鉴定、品质鉴定和生育期鉴定。

1. 产量鉴定　单位面积内植株数量及单株产量决定茶叶产量，而单株产量主要是由芽叶数量与单个芽叶重量构成的。充分地研究育种材料构成丰产的各种因素，就可能对它的产量有一个正确的估计。产量鉴定的方法有以下几种：

（1）全年采摘法　按一定的采摘标准，按小区分期分批及时采摘，分别统计、比较各品种一年内的产量和高低，称为全年采摘法。这种方法接近生产实际，需要连续进行几年的结果来确定。

（2）季节采摘法　按一定的采摘标准，在一年内的一两个茶季（春或春夏茶）或高峰期，在一定面积内及时采下鲜叶，进行产量估测，称为季节采摘法。这种方法所得到的结果是全年产量的一部分，可以基本反映所鉴定品种产量的高低。

（3）修剪打顶法　由于茶树的生长势越旺盛，修剪下的枝叶或打顶的芽叶越多，预期产量越高。因此，可将修剪下的枝叶重量或打顶的芽叶重量作为产量的间接指标，进而推断所鉴定品种的产量。这种方法是修剪打顶法，对正式开采前的幼龄茶树和幼苗可以采用，同时，还可以作为直接鉴定的辅助材料。

2. 品质鉴定　茶树的品种很大程度上决定了茶叶品质的优次，成品茶品质是鲜叶原料品质同加工技术综合作用的结果，因此，品质鉴定应该从鲜叶品质和成茶品质两方面进行。

鲜叶品质包括物理性状和化学成分，不同茶类有着不同的要求。物理性状鉴定，主要是看鲜叶嫩度和鲜叶组成的机械分析。鲜叶组成的机械分析方法非常简单，通常是随时抽取定量的鲜叶样品，将正常芽叶、对夹叶、单片、梗子杂质分开，并分别称其重量和数量，从而算出它们各占的百分比。最好反复抽样几次取平均值。

化学成分鉴定，主要是测定鲜叶中茶单宁、咖啡因、水浸出物、芳香油、果胶、蛋白质、维生素等主要成分的含量。

由于鲜叶品质鉴定，只能了解基本情况，所以还必须通过多次的制茶实验和成茶品质的审评，才能得出更加正确的结论。

3. 生育期鉴定　物候期的记载是生育期鉴定的主要方法。物候期是指在外界环境条件的影响下，因植物外部形态显著变化而划分的许多时期，如茶树的萌芽期、真叶开展期、开花期和休眠期等。茶树的品种不同，各物候期的出现时期也不相同，生育期也有长有短；不同年份或不同地区的同一品种，它们的各物候期和生育期也有所不同。因此，生育期鉴定必须记载自然条件、栽培管理方法和植株生长状况等。

进行生育期鉴定，首先应选取有代表性、数量符合统计要求的植株，然后分别记载并求出品种各物候期的平均日期和范围。为获得精确的结果，物候期的记载应连续进行3~4年。

五、我国主要茶树栽培品种

我国是茶树的原产地，是最早利用和栽培茶树的国家，经过长期的自然选择和人工选择，形成了丰富的种质资源。现有茶树栽培品种600多个，其中有较大面积栽培的新老品种250多个。截至2003年12月31日，共有经国家审（认）定的品种96个（表2-1、表2-2），省级审（认）定的品种120个。

表2-1 国家审（认）定的有性系茶树品种简介

序号	品种名称	主要特征特性	适制茶类	适宜推广茶区
1	鸠坑种	灌木，中叶，中生，树姿半开张，芽叶黄绿色，茸毛中等，持嫩性强，产量较高，抗旱、寒性强	绿茶	江南、江北
2	早白尖	灌木，中叶，早生，树姿开张，芽叶淡绿色，茸毛多，产量高，抗逆性强	红、绿茶	江南
3	紫阳种	灌木，中叶，中生，树姿开张，芽叶绿带微紫色，茸毛中等，产量中等，抗寒性较强	绿茶	江北

续表

序号	品种名称	主要特征特性	适制茶类	适宜推广茶区
4	宁州种	灌木，中叶，中生，树姿半开张，芽叶黄绿色，茸毛多，产量中等，抗旱、寒性较强	红、绿茶	江南
5	宜兴种	灌木，中叶，中生，树姿半开张，芽叶绿或黄绿色，茸毛少，产量较高，抗寒性强	绿茶	江南、江北
6	云台山种	灌木，中叶，中生，树姿半开张，芽叶绿或黄绿色，茸毛中等，持嫩性强，产量较高，适应性较强	红、绿茶	江南
7	湄潭苔茶	灌木，中叶，中生，树姿半开张，芽叶绿带紫色，茸毛多，持嫩性较强，产量高	绿茶	江南、江北
8	黄山种	灌木，大叶，中生，树姿半开张，芽叶绿色，茸毛多，持嫩性强，产量高，抗寒，适应性强	绿茶	江南、江北
9	祁门种	灌木，中叶，中生，树姿半开张，芽叶黄绿色，茸毛中等，持嫩性强，产量较高，抗寒性强	红、绿茶	江南、江北
10	宜昌大叶种	小乔木，大叶，早生，树姿半开张，芽叶黄绿色，茸毛多，持嫩性强，产量较高，抗寒性强	红、绿茶	江南、江北
11	凌云白毛茶	小乔木，大叶，中生，树姿半开张，芽叶黄绿色，茸毛特多，持嫩性强，产量中等，抗旱、寒性较弱	红、绿茶	华南、西南

续表

序号	品种名称	主要特征特性	适制茶类	适宜推广茶区
12	凤凰水仙	小乔木，大叶，早生，树姿直立，芽叶黄绿色，茸毛少，发芽力较强，产量高，抗寒性强	乌龙茶、红茶	华南
13	勐库大叶茶	乔木，大叶，早生，树姿开张，芽叶黄绿色，茸毛特多，持嫩性强，产量较高，抗寒性弱	红茶、绿茶、滇茶、普洱茶	西南、华南
14	勐海大叶茶	乔木，大叶，早生，树姿开张，芽叶黄绿色，茸毛特多，持嫩性强，产量较高，抗寒性较弱	红茶、绿茶、普洱茶	西南、华南
15	凤庆大叶茶	乔木，大叶，早生，树姿开张，芽叶绿色，茸毛特多，持嫩性强，产量较高，抗寒性较弱	红茶、绿茶	西南、华南
16	海南大叶种	乔木，大叶，早生，芽叶黄绿色，茸毛少，持嫩性一般，产量高，抗旱、寒性较弱	红茶	华南
17	乐昌白毛茶	乔木，大叶，早生，树姿半开张，芽叶绿或黄绿色，茸毛特多，产量较高，抗寒性较强	红茶、绿茶	华南

表 2-2 国家审（认）定的无性系茶树品种简介

序号	品种名称	主要特征特性	适制茶类	适宜推广茶区
1	寒绿	灌木，中叶，早生，树姿半开张，芽叶黄绿带微紫色，茸毛多，持嫩性较强，产量高，抗寒性较强	绿茶	江南、江北
2	菊花春	灌木，中叶，早生，树姿半开张，芽叶黄绿色，茸毛多，持嫩性强，产量高，抗寒性较强，抗旱性中等	红茶、绿茶	江南
3	龙井 43	灌木，中叶，特早生，树姿半开张，芽叶绿带黄色，茸毛少，持嫩性一般，产量高，抗寒性强	绿茶	江南、江北
4	龙井长叶	灌木，中叶，早生，树姿较直立，芽叶淡绿色，茸毛中等，持嫩性较强，产量高，抗旱、寒性强	绿茶	江南、江北
5	中茶 102	灌木，中叶，早生，树姿半开张，芽叶黄绿色，茸毛中等，产量高，抗旱、寒性强	绿茶	江南、江北
6	南江 2 号	灌木，中叶，早生，树姿半开张，芽叶黄绿色，茸毛较多，产量高，抗寒性较强	绿茶	西南
7	早白尖 5 号	灌木，中叶，早生，树姿半开张，芽叶淡绿色，茸毛多，产量高，抗寒性强	红茶、绿茶	江南、江北

续表

序号	品种名称	主要特征特性	适制茶类	适宜推广茶区
8	上梅洲种	灌木，大叶，早生，植株较高大，树姿开张，芽叶黄绿色，茸毛多，产量高，抗旱、寒性强	绿茶	江南
9	大面白	灌木，大叶，早生，树姿开张，芽叶黄绿色，茸毛多，持嫩性强，产量高	乌龙茶、红茶、绿茶	江南
10	宁州2号	灌木，中叶，中生，树姿开张，茸毛中等，产量高，抗寒性较强，抗旱性较弱	红茶、绿茶	江南
11	锡茶5号	灌木，大叶，中生，树姿半开张，芽叶绿色，茸毛较多，产量高，抗寒性较强	绿茶	江南、江北
12	白毫早	灌木，中叶，早生，树姿半开张，芽叶淡绿色，茸毛多，产量高，抗寒、病虫性较强	绿茶	江南、江北
13	高芽齐	灌木，大叶，中生，树姿半开张，芽叶黄绿色，茸毛少，持嫩性强，产量高，抗寒性强	红茶、绿茶	江南、江北
14	尖波黄13	灌木，中叶，早生，树姿半开张，芽叶黄绿色，茸毛较多，产量高，抗寒性强	红茶、绿茶	江南、江北
15	槠叶齐	灌木，中叶，中生，树姿半开张，芽叶黄绿色，茸毛中等，持嫩性强，产量高，抗寒性强	红茶、绿茶	江南

序号	品种名称	主要特征特性	适制茶类	适宜推广茶区
16	楮叶齐 12	灌木，中叶，中生，树姿半开张，芽叶黄绿色，茸毛少，持嫩性强，产量高，抗旱、寒性较强	红茶、绿茶	江南、江北
17	宜红早	灌木，中叶，早生，树姿半开张，芽叶黄绿色，茸毛尚多，持嫩性较强，产量较高，抗寒性较强，抗旱、病虫性中等	红茶、绿茶	江南、华南
18	鄂茶 1 号	灌木，中叶，中生，树姿半开张，芽叶黄绿色，茸毛中等，持嫩性强，产量高，抗寒、旱性强	绿茶	江南、西南
19	信阳 10 号	灌木，中叶，中生，树姿半开张，芽叶淡绿色，茸毛中等，产量高，抗寒性强	绿茶	江北
20	桂绿 1 号	灌木，中叶，特早生，树姿开张，芽叶黄绿色，茸毛中等，产量较高，抗旱、寒性强	绿茶	西南
21	茗科 1 号	灌木，中叶，早生，树姿半开张，芽叶紫红色，茸毛少，持嫩性较强，产量高，抗旱、寒性强	乌龙茶	华南、西南
22	悦茗香	灌木，中叶，中生，树姿半开张，芽叶淡紫绿色，茸毛少，持嫩性强，产量较高，抗旱、寒性强	乌龙茶	华南、西南
23	铁观音	灌木，中叶，晚生，种树姿半开张，芽叶绿带紫红色，茸毛较少，持嫩性较强，产量中等，抗旱、寒性较强	乌龙茶	江南

续表

序号	品种名称	主要特征特性	适制茶类	适宜推广茶区
24	本山	灌木，中叶，中生，树姿开张，芽叶绿带紫红色，茸毛较少，持嫩性较强，产量中等，抗旱、寒性较强	乌龙茶、绿茶	华南、江南
25	毛蟹	灌木，中叶，中生，树姿半开张，芽叶淡绿色，茸毛多，持嫩性一般，产量高，抗旱、寒性较强	乌龙茶、红茶、绿茶	江南
26	大叶乌龙	灌木，中叶，中生，树姿开张，芽叶绿色，茸毛少，持嫩性较强，产量中等，抗旱、寒性较强	乌龙茶、红茶、绿茶	江南、华南
27	舒茶早	灌木，中叶，早生，树姿半开张，芽叶淡绿色，茸毛中等，产量高，抗旱、寒性强	绿茶	江南、江北
28	安徽1号	灌木，大叶，中生，树姿直立，芽叶黄绿色，茸毛多，持嫩性强，产量高，抗寒性强	红茶、绿茶	江南、江北
29	安徽3号	灌木，大叶，中生，树姿半开张，芽叶淡黄绿色，茸毛多，产量高，抗寒性强	红茶、绿茶	江南、江北
30	安徽7号	灌木，大叶，中生，树姿直立，芽叶淡绿色，茸毛中等，产量高，抗寒性强	绿茶	江南、江北
31	凫早2号	灌木，中叶，早生，树姿直立，芽叶淡黄绿色，茸毛中等，持嫩性强，产量较高，抗寒性强	红茶、绿茶	江南、江北

续表

序号	品种名称	主要特征特性	适制茶类	适宜推广茶区
32	杨树林783	灌木，大叶，晚生，树姿半开张，芽叶黄绿色，有茸毛，持嫩性强，产量中等，抗寒性强	红茶、绿茶	江南、江北
33	皖农95	灌木，中叶，中生，树姿开张，芽叶黄绿色，持嫩性强，产量高，抗寒性强	红茶、绿茶	江南
34	碧云	小乔木，中叶，中生，树姿直立，芽叶绿色，茸毛中等，持嫩性较强，产量高，抗旱、寒性较强	绿茶	江南
35	浙农113	小乔木，中叶，早生，树姿半开张，芽叶黄绿色，茸毛多，持嫩性强，产量高，抗寒、旱、病虫性强	绿茶	江南、江北
36	浙农12	小乔木，中叶，中生，树姿半开张，芽叶绿色，茸毛特多，持嫩性较强，产量高，抗旱性强，抗寒性较弱	红茶、绿茶	江南
37	翠峰	小乔木，中叶，中生，树姿半开张，芽叶翠绿色，茸毛多，持嫩性一般，产量高，抗寒较强	绿茶	江南
38	劲峰	小乔木，中叶，早生，树姿半开张，芽叶浓绿带微紫色，茸毛多，持嫩性较强，产量高	红茶、绿茶	江南
39	青峰	小乔木，中叶，中生，树姿开张，芽叶绿色，茸毛多，持嫩性中等，产量高，抗寒性较强	绿茶	江南

续表

序号	品种名称	主要特征特性	适制茶类	适宜推广茶区
40	迎霜	小乔木、中叶、早生，树姿直立，芽叶黄绿色，茸毛多，持嫩性强，产量高，抗寒性尚强	红茶、绿茶	江南
41	浙农21	小乔木、中叶、中生，树姿开张，芽叶绿色，茸毛多，持嫩性较强，产量较高，抗寒性较弱	红茶、绿茶	江南
42	蜀永1号	小乔木、中叶、中生，树姿较直立，芽叶绿色，茸毛特多，产量高，抗寒性较强	红茶	西南、华南
43	蜀永2号	小乔木、大叶、中生，树姿较直立，芽叶黄绿色，产量高，抗寒性较强	红茶	西南、华南
44	蜀永307	小乔木、大叶、中生，树姿半开张，芽叶绿稍黄色，茸毛多短，持嫩性强，产量高，抗旱性中等	红茶、绿茶	西南、华南
45	蜀永3号	小乔木、大叶、中生，树姿半开张，芽叶黄绿色，茸毛多，产量高，抗寒性较强	红茶、绿茶	西南、华南
46	蜀永401	小乔木、大叶、中生，树姿开张，芽叶绿稍黄色，茸毛中等，产量高，抗旱性强	红茶、绿茶	西南、华南
47	蜀永703	小乔木、大叶、早生，树姿半开张，芽叶黄绿色，茸毛多，持嫩性强，产量高，抗寒性中等	红茶、绿茶	西南、江南

序号	品种名称	主要特征特性	适制茶类	适宜推广茶区
48	蜀永 808	小乔木，大叶，晚生，树姿开张，芽叶黄绿色，茸毛多短，持嫩性强，产量高，抗旱性较强	红茶、绿茶	西南、华南
49	蜀永 906	小乔木，中叶，中生，树姿半开张，芽叶黄绿色，茸毛多，产量高，抗寒性较弱，抗旱性中等	红茶、绿茶	西南、华南
50	赣茶 2 号	小乔木，中叶，中生，树姿半开张，芽叶淡绿色，茸毛多，产量中等，抗寒性较强	绿茶	江南
51	锡茶 11	小乔木，中叶，中生，树姿半开张，芽叶淡绿色，茸毛多，产量高，抗寒性较强	红茶、绿茶	江南、江北
52	黔湄 502	小乔木，大叶，中生，树姿开张，芽叶绿色，茸毛多，产量高，抗寒性较弱	红茶、绿茶	西南
53	黔湄 601	小乔木，大叶，中生，树姿开张，芽叶深绿色，茸毛特多，持嫩性强，产量高，抗寒性尚强	红茶、绿茶	西南
54	黔湄 701	小乔木，大叶，中生，树姿开张，芽叶黄绿色，茸毛细多，产量高，抗寒性较弱	红茶	西南
55	黔湄 809	小乔木，大叶，中生，树姿半开张，芽叶淡绿色，茸毛多，持嫩性强，产量高，抗寒性强	绿茶、红茶	西南、华南

序号	品种名称	主要特征特性	适制茶类	适宜推广茶区
56	黔湄 419	小乔木，大叶，晚生，树姿半开张，芽叶淡绿色，茸毛多，持嫩性强，产量高，抗寒性较弱	红茶	西南
57	桂红 3 号	小乔木，大叶，晚生，树姿半开张，芽叶绿色，茸毛少，持嫩性强，产量较高，抗寒性较强	红茶	华南
58	桂红 4 号	小乔木，大叶，晚生，树姿开张，芽叶黄绿色，茸毛少，持嫩性中等，产量较高，抗寒、病虫性较强	红茶	华南
59	五岭红	小乔木，大叶，早生，树姿开张，芽叶黄绿色，茸毛少，持嫩性强，产量高，抗寒性较弱，抗旱性较强	红茶	华南、西南
60	秀红	小乔木，大叶，早生，树姿半开张，芽叶黄绿，茸毛中，持嫩性强，产量高，抗寒性较强	红茶	华南
61	岭头单枞	小乔木，中叶，早生，树姿半开张，芽叶黄绿色，茸毛少，产量高，抗寒性强	乌龙茶、红茶、绿茶	江南、华南
62	政和大白茶	小乔木，大叶，晚生，树姿直立，芽叶黄绿微带紫色，茸毛特多，持嫩性强，产量高，抗寒性较强	红茶、白茶	江南
63	八仙茶	小乔木，大叶，特早生，树姿半开张，芽叶黄绿色，茸毛少，持嫩性强，产量高，抗寒、旱性尚强	乌龙茶、红茶、绿茶	华南、江南

序号	品种名称	主要特征特性	适制茶类	适宜推广茶区
64	福云10号	小乔木，中叶，早生，树姿半开张，芽叶淡绿色，茸毛多，持嫩性强，产量高，抗旱、寒性较强	红茶、绿茶、白茶	江南
65	福云6号	小乔木，大叶种，特早生种，树姿半开张，芽叶淡黄绿色，茸毛特多，持嫩性较强，产量高，抗寒、旱性较强	红茶、绿茶、白茶	江南
66	福云7号	小乔木，中叶，早生，树姿较直立，芽叶黄绿色，茸毛多，持嫩性强，产量高，抗寒、旱性较强	红茶、绿茶、白茶	江南
67	黄观音	小乔木，中叶，早生，树姿半开张，芽叶黄绿微带紫色，茸毛少，持嫩性强，产量高，抗旱、寒性强	乌龙茶、红茶、绿茶	华南、西南
68	黄奇	小乔木，中叶，中生，树姿半开张，芽叶黄绿色，茸毛少，持嫩性较强，产量高，抗寒性强	乌龙茶	华南
69	福建水仙	小乔木，大叶，晚生，树姿半开张，芽叶淡绿色，茸毛较多，持嫩性较强，产量较高，抗旱寒性较强	乌龙茶、红茶、白茶	江南
70	福鼎大毫茶	小乔木，大叶，早生，种树姿直立，芽叶黄绿色，茸毛特多，持嫩性较强，产量高，抗旱、寒性强	红茶、绿茶、白茶	江南、江北、华南
71	福鼎大白茶	小乔木，中叶，早生，种树姿半开张，芽叶黄绿色，茸毛特多。持嫩性强，产量高，抗寒、旱性强	红茶、绿茶、白茶	江南、江北

续表

序号	品种名称	主要特征特性	适制茶类	适宜推广茶区
72	福安大白茶	小乔木，大叶，早生，树姿半开张，芽叶黄绿色，茸毛特多，持嫩性较强，产量高	红茶、绿茶、白茶	江南、江北
73	梅占	小乔木，中叶，中生，树姿直立，芽叶绿色，茸毛较少，持嫩性较强，产量高	乌龙茶、红茶、绿茶	江南
74	黄金桂	小乔木，中叶，早生，树姿较直立，芽叶黄绿色，茸毛较少，持嫩性较强，产量高，抗寒、旱性较强	乌龙茶、红茶、绿茶	江南
75	皖农 111	小乔木，大叶，中生，树姿半开张，芽叶绿色，茸毛多，持嫩性强，产量较高，抗寒性中等	红茶、绿茶	江南、华南
76	云抗 10 县	乔木，大叶，早生，树姿开张，芽叶黄绿色，茸毛特多，产量高，抗寒、旱性强	红茶、绿茶	西南、华南
77	云抗 14	乔木，大叶，中生，树姿特开张，芽叶黄绿色，茸毛特多，持嫩性强，产量高，抗寒、旱、病虫性强	红茶、绿茶	西南、华南
78	英红 1 号	乔木，大叶，早生，树姿开张，芽叶黄绿色，茸毛中等，持嫩性强，产量高，抗寒性较弱	红茶	西南、华南
79	云大淡绿	乔木，大叶，早生，树姿半开张，芽叶黄绿色，茸毛多，持嫩性强，产量高，抗寒性强	红茶	华南

第二节 茶树的无性繁殖

茶树繁殖包括有性繁殖和无性繁殖两大类。绝大多数茶树品种兼有有性繁殖与无性繁殖的双重繁殖能力。

无性繁殖亦称营养繁殖，是利用茶树茎、叶、根、芽等营养器官或体细胞等繁殖后代的繁殖方式，无性繁殖的繁殖方法主要有扦插、压条、分株、嫁接等。目前，短穗扦插在生产上的应用较为普遍。无性繁殖能够保持良种的特征特性，茶苗性状比较一致，但育苗用时多，成本大，对栽培管理要求较高。我国及世界其他主要产茶国新育成的良种基本采用这种方式进行种苗繁殖。但无性繁殖的茶苗适应性较差，因此还应因地制宜地选用繁殖方法，尤其是在高山或土壤贫瘠的地区。

一、采穗母树的培育

供取穗用的优良母树应具有产量高、质量好、抗逆性强的特点。为了使母株能提供大量优质的枝条，在取穗前，应加强对母株的培育管理，四至五年生或壮龄茶树要进行深修剪；生长势较弱的老茶树，应根据扦插取穗的时间进行重修剪或台刈。供夏秋扦插取穗的壮龄茶树，可在春茶萌动前（惊蛰前后）进行；供次年春夏扦插取穗的老茶树，则可在春茶后进行。对于修剪或台刈后的母树，中耕、除草、施肥、防治病虫害等管理措施必须加强。另外，还要重视母本茶园在干旱季节的防旱抗旱措施,以促进茶树的生长。

二、扦插苗圃的建立

扦插苗圃是扦插育苗的场所。其条件的好坏,不但直接影响扦穗的发根、成活、成苗或苗木质量,而且直接影响到苗圃地的管理工效、生产成本和经济效益。所以,必须尽量选择和创造一个良好的环境,以提高单位面积的出苗数量和质量。

1. 苗圃地的选择 选择一块好的苗圃地,不仅可以提高管理的工效,还可以提高扦插茶苗的成活率和茶苗质量。因此,苗圃地选择的好坏非常重要。一般来说,地形平坦、土质疏松的红、黄壤土的地方较为适合,除此还应有便利的水源、交通条件,以便苗圃浇水及茶苗调运工作。

2. 苗圃地的整理 一般每公顷苗圃所育的茶苗,可满足约 30 公顷单行条列式新茶园苗木的需要。在规划好的基础上,进行苗圃的整理,有利于茶苗生长发育、苗圃管理和土地的利用。具体要做好以下工作:

(1) 土壤翻耕 翻耕深度在 30~40cm,可以改良土壤的理化性质,提高土壤肥力,消灭杂草和病虫害。水稻田作苗圃园需要提前 1 个月开沟排水,再进行深耕。翻耕可与施基肥结合进行,一般每公顷施以 22500~30000kg 腐熟的厩肥或 2250~3000kg 腐熟的茶饼肥。具体做法是:翻耕前将基肥均匀地撒在土面上,再翻耕,翻耕后打碎土壤,耙平地面。

(2) 苗畦整理 长 15~20m、宽 1~1.3m 是扦插苗畦最适宜的规格,过长管理不便,过短则土地利用率不高;过宽苗床容易积水,不利于苗地管理,过窄则土地利用不经济。根据地势和图纸决定苗畦的高度,平地和缓坡地一般为 10~15cm,水田或土质黏重地通常为 25~30cm,畦沟底宽约 30cm,面宽约 40cm,苗地四周开设沟宽约40cm、深度25~30cm的排水沟。开沟做畦前应先进行一次15~20cm深耕，剔除杂草和碎土，然后做畦平土。

（3）铺盖心土　在短穗扦插育苗的苗床上铺红壤或黄壤心土，可以提高育苗成活率。苗床整理好后，在畦面均匀铺上3~5cm经筛（孔径1cm）筛过、pH 4.0~5.5的心土作为扦插土。铺后稍加压压实使畦平整，利于扦插时插穗与土壤充分密接。在红、黄心土取用不便的地方，也可以用其他质地疏松、通透性良好的酸性土壤。

（4）搭荫棚　扦插育苗必须进行遮阳，以避免阳光的强烈照射，降低畦面风速，减少水分的蒸发，提高插穗的成活率。少数茶园的遮阳方式是用铁芒萁等直接插在苗畦中，大多数茶区则搭建荫棚遮阳。目前，生产上应用较多的是平式低棚和拱形中棚（图2-1）。

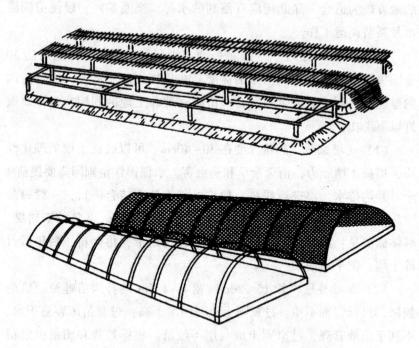

图2-1　平式低棚示意图和拱形中棚示意图

平式低棚：这种棚材料简单，管理方便，适宜活动覆盖。具体做法：每隔 1.0~1.5m 的距离在畦两侧插入一根长 60~70cm 的木桩，入土深度 30~40cm，然后用小竹竿或竹片，把各个木桩顶部连成棚架，再将竹帘或草帘盖在上面。

拱形中棚（又称隧道式中棚）：这种棚土壤利用率高，省工省力。具体做法：以 1m 宽的苗畦标准，用长度 2.3~2.5m 的竹竿，隔 1m 插 1 根，竹竿两端插入畦的两侧，形成中高 60~70cm 的弧形，再将上、中、下部各支点用小竹竿或竹片连接，上部覆盖塑料薄膜和遮阳网。目前，这种棚架在春插秋插中采用最多，可以有效遮阳、保温和保湿，并节省劳动力。

三、扦插技术

扦插技术和苗圃管理，与多出苗、出好苗有着密切的关系。茶树扦插技术包括扦插时间的掌握、插穗的选择和剪取、育苗地条件的调控和促使快速发根技术等。

1. 扦插时间　通常来说，在有穗源的前提下，茶树一年四季都可以扦插。然而各地的气候、土壤和品种特性不同，扦插的效果也存在一定的差异。对于扦插时间的选择，应充分结合各地气候、季节特点，发挥出品种的最大优势。一般春插在 3~4 月（春分至清明），夏插在 6~7 月（夏至至大暑），秋插在 9~10 月（白露至寒露）。其中，夏插温度高、穗源多、枝条壮、扦插半个月后就可愈合发根，效果最为理想。秋季则因气温逐渐下降，愈合发根缓慢，且容易受冰冻的影响，效果较差。

2. 剪穗与扦插　为了提高扦插成活率和苗木质量，必须严格把握剪穗质量和扦插技术。

（1）标准穗条的剪取　母树经打顶后 10~15 天即可剪穗条。穗条的标准是：枝梢长度在 25cm 以上，茎粗 0.3~0.5cm，2/3 的新梢木质化，呈红色或黄绿色。上午 10 时之前或下午 3 时以后为穗条剪取的最佳时间。为保持穗条的新鲜状态，剪下的穗条应该放在阴凉、湿润的地方，并尽量做到当天剪、当天插。如果需要外运，穗条要充分喷水，为减少对插穗枝条的伤害，堆叠时不能使枝条挤压过紧。贮运不能超过 3 天，其间得注意堆放枝条的内部是否发热，避免因堆压过紧，发热，灼伤枝条。在剪取穗条时，为更好恢复树势，应在母树上留 1 片叶。穗条剪取后，应及时剪穗和扦插。

（2）标准插穗的剪取　插穗的标准是：长度约 3cm，带有 1 片成熟叶和 1 个饱满的腋芽。一般一个节间剪取一个插穗，但节间过短，可用两个节间剪成一个插穗，再剪去下端的叶片和腋芽。剪口要求平滑，略有一定倾斜度，保持与母叶成平行的斜面（图 2-2）。

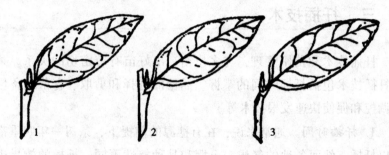

图 2-2　插穗的剪法

1. 符合标准的短穗　2. 上端小桩过长　3. 上端过短，下端剪口相反

（3）扦插方法　扦插前要用木板或画行器在畦面上画好行线，行距约为 12cm，株距 1.5~1.7cm，可随叶的大小适当放宽或缩小。若土壤干燥，可适量喷水，使土壤湿润，等不粘手时再进行扦插。扦插好后，叶片之间不能留有空隙，也不能重叠太多。

扦插时间最好在上午 10 时以前和下午阳光转弱后进行。插时用拇指和食指夹住短穗上端竖直插下或稍倾斜插入土中，深度以插入插穗的 2/3 长度至叶柄与畦面平齐为宜。边插边将插穗附近的土稍压实，使插穗与土壤密接，以利于发根。插完一定面积后立即浇水，

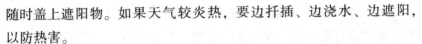

随时盖上遮阳物。如果天气较炎热，要边扦插、边浇水、边遮阳，以防热害。

为了提高扦插的成活率，在扦插的过程中要掌握插穗壮、黄土润、插得直、压得紧、浇水透等技术要点。

四、扦插育苗管理措施

扦插后的管理是提高成苗率、出苗率和培养壮苗的关键，非常重要。

1. 浇水和灌水　由于新陈代谢作用的进行，插穗在生根以前需要消耗很多的水分，尤其是气温较高的时候。所以，苗圃每天上午、下午都要浇水，以保持叶面和土壤湿润，增大苗圃的相对湿度。否则，很可能造成茶苗萎蔫甚至枯死。待2~3月后，插穗形成了完整的植株，吸水作用加强了，可改为一天一次或隔天浇水一次，每次浇水仍要达到畦上土壤全部湿润。浇水最好用喷水壶或喷水桶淋浇，不要泼水。在卷帘矮棚苗圃浇水时，可不必揭帘，直接将水浇在帘上。苗圃用水必须清洁，不能用泥浆水或污水，否则可能引起枝叶腐烂。

短穗生根出苗后，也可以在傍晚引水灌溉。灌水深度应低于畦面3.3cm，不能淹没，并在浸灌五六小时后及时排水。雨后也应及时排出沟内积水，以免影响根系的生长。

2. 中耕除草　由于扦插苗圃经常浇水，土壤容易板结，杂草生长很快。如果不及时中耕除草，不但后期费时费工，而且容易损伤茶苗。在一年内，中耕除草2~3次，深度1.7cm左右，不要伤害茶苗根系。中耕除草时，如果发现有根系外露的茶苗，应将根压入土内，并适当培土。

另外，扦插苗圃环境阴湿，容易发生病害，虫害也会随着茶苗长大逐渐加重，因此还应根据各地病虫发生情况及时防治。

3. **追肥扦插** 生根前，茶苗主要靠短穗自身的营养维持生长发育。短穗愈合发根后，就要及时追肥，为茶苗供给生长所需的营养物质，否则茶苗生长瘦弱。尤其是春插苗圃，为了使茶苗迅速生长，能达到当年出圃的要求，追肥更应加强。

追肥的原则是量少次多，先稀后浓。第一次追肥通常应在扦插 3 个月后进行，每亩用腐熟的粪尿 200kg，过磷酸钙 7.5kg，对水 1500kg，在行间均匀喷施；第二次追肥在 4 个月后进行，可用硫酸铵 5kg（尿素 2.5kg）、过磷酸钙 5kg，或者用人粪尿 500kg、过磷酸钙 5kg，对水 1000kg，在行间均匀喷施；第三次在扦插 6 个月后进行，用人粪尿 500kg，对水 1000kg，在行间均匀喷施。

要注意的是，每次追肥后应用清水淋洗茶苗，以避免茶苗被肥料烧伤。

4. **护理荫棚** 为了使茶苗在自然环境条件下接受锻炼，增强抗逆力，要经常对荫棚进行护理和修补。拆棚时间，春茶通常在 9 月下旬或 10 月上旬的阴天进行；夏秋季茶可在第二年清明前（4 月初）进行。

5. **防寒保苗** 茶苗在冬季前未出圃或较冷及高山茶苗的苗圃应注意防冻保苗。冬前摘心，抑制新梢继续生长，促进成熟，使茶苗本身的抗寒能力得到增强。也可因地制宜，以盖草、覆盖塑料薄膜、留遮阳棚、在寒风来临方向设置风障等遮挡方法保温，或以霜前灌水、熏烟、行间铺草等以增加地温与气温。目前，生产上广泛采用塑料薄膜加遮阳网双层覆盖，可以控制微域生态条件，使苗床的气温和土温得到有效提高，既可以促进发根，又能够防寒保苗，是秋冬扦插中值得推广的一项有力措施。

除了做好以上工作，苗圃管理还需及时摘除花蕾。因为插穗上着生的花蕾会大量消耗体内的养分，同时抑制腋芽的萌发生长。摘除花蕾可以将养分集中，促进茶苗的营养生长。

五、苗木出圃与装运

茶苗达到一定高度和粗度就可以出圃。为了方便茶苗移栽，同时充分利用苗圃地，出圃时间通常应安排在冬季或早春。如果苗圃土壤干燥，出圃前应先浇水湿润。为避免损伤茶苗根系，取苗时要适当带土。

装运过程中，合理的装运方式对茶苗的生活力有极大的影响，茶苗外运时，必须用稻草包扎，不能使茶苗根系外露。茶苗品种应在外面挂上标记，写明品种名称、数量，以免发生差错。在运输途中，要防止日晒和风吹，并适当浇水，以免茶苗发生萎蔫现象。茶苗运到目的地后，应分品种堆放，并及时栽种。

第三节 茶树的有性繁殖

有性繁殖又称种子繁殖，指通过有性过程产生的雌雄配子结合，以种子的形式繁殖后代的繁殖方式。目前，我国有很多优良的有性群体品种。在冬季气温低的北部茶区及一些较寒冷的高山茶区，有性繁殖仍是一种重要的繁殖手段。

种子繁殖方法简单，成本较低，后代适应性强，比较耐瘠，容易栽培。缺点是后代容易产生变异，不利于保持母树的优良性状。

一、茶子采收与贮运

茶子的采收与贮藏运输直接影响着茶子的活力，因此对茶子的采收和采后种子的贮藏运输管理必须予以重视。

1. 茶子采收　茶子在茶树上经过 1 年左右的时间才能成熟，茶子趋向成熟期，其生理变化主要是可溶性的简单有机物质向种子输送，经过酶的作用，转化为不易溶解的复杂物质（如淀粉、蛋白质和脂肪等），并贮藏在子叶内，随着茶子成熟，营养物质进一步积累，水分逐渐减少。

掌握茶子的成熟期，适时采种非常必要。采收过早，由于茶果尚未达到成熟，茶子含水量高，营养物质积累少，容易干缩或腐烂，从而丧失发芽力，即使可以发芽，茶苗也无法健壮生长。采收太迟（11 月以后），果皮容易开裂，落地茶子受到暴晒和潮湿等影响，种子容易霉烂。而适时采果，可以增收茶子，提高茶子的发芽率。在茶子采收的季节，种子工作应有专人负责。采收时，对选择的良种茶树的茶子应另采另放，落到地下的好茶子也要捡拾，做到"采尽树上果，捡尽地上子，颗粒还家不浪费"。

我国多数茶区，霜降（10 月 23 日或 24 日）前后 10 天是茶果的最佳采收期。当多数茶果已成熟或接近成熟时即可采收。茶果成熟的标志为：果皮呈棕褐色或绿褐色；背缝线开裂或接近开裂；种子呈黑褐色，富有光泽；子叶饱满，呈乳白色。通常来讲，茶树上有 70%～80% 茶果的果皮褐变失去光泽，并有 4%～5% 的茶果开裂时，就可以采收。

茶子采回后，应在阴凉干燥的地方摊放，每天翻动一次，几日后果皮开裂，用筛子筛出种子，再摊晾阴干一些水分。摊放的厚度为 10cm 左右，不能堆积和日晒，并要经常用木齿耙翻动，避免种子温度过高。种子的含水量阴干至 30% 左右即可，然后簸去夹杂物，剔除虫伤子、空壳子和霉变子，用孔径 11～13mm 的筛子分级，筛面上的茶子为合格茶子，留下贮藏和播种用，筛下的不合格茶子则另作他用。

2. 茶子的贮藏与运输　茶子在贮藏过程中，一方面保持必要的含水量，另一方面可完成后熟作用。

茶子贮藏的方法因时间的长短而不同：

短期（20 天内）贮藏，可以用麻袋盛装，斜靠排列，不要堆积。

长期的（20 天以上）贮藏，可用沙藏法。具体做法是：在阴凉干爽的室内铺 7～10cm 厚的湿沙，上面摊一层 10～13cm 厚的茶子，茶子上又铺湿沙 7cm，再摊茶子 10～13cm。如此种、沙相间各二三层，最后盖 7cm 厚的表面沙，总厚度不宜超过 1m。沙藏法要求种子的含水量在 25%～30%。

如果茶子不需外运，也可以进行畦藏法。这是一种比较简单的室外贮藏方法：选择排水良好、地势平坦的红、黄壤土的地方，整土做畦，畦宽 1～1.5m，高 13～17cm，将种子密播在畦上，厚度 7cm左右，然后盖上 7cm 左右的细土或湿沙，再铺上一层稻草，至次年春天把茶子取出来正式播种。

如果茶子需要运往外地，必须做好包装，通常可用草袋、麻袋、竹篓包装，每件装茶子 25～30kg 为宜。同时要尽量缩短茶子的运输时间，途中应注意防潮防热，避免烈日暴晒和雨水淋洗。到达目的地后，应及时解包检查、妥善摊放，并尽快播种。如果无法及时播种，应做好贮藏工作。

二、茶子播种与育苗

播种方法对幼苗的生长势和抗逆性以及成活率的影响很大。设法促进胚芽早出土和幼苗生长是茶子育苗技术的核心。

播种前，应对茶子进行品质检验，以确定播种量。检验的标准为：

首先，不能有果皮、空壳、霉子、虫蛀子、破裂茶子和其他夹杂物。

其次，茶子大小、重量应符合国家规定，直径通常不小于 1cm，种皮黑褐色有光泽，子叶肥大湿润呈黄白色。每 1000 粒茶子的重量约为 1kg。

最后，茶子含水量应在 22%~38%，发芽率不低于 75%。

1. 播种时间 茶子采收当年的 11 月至次年的 2 月，均可进行播种。如果推迟到 3 月以后播种，会大大降低发芽率。

2. 浸种和催芽 茶子在播种前进行浸种和催芽（特别是春播最好进行浸种催芽），可以有茶苗出土早、出苗齐、苗木健壮和成活率高的效果。

如果播种早，茶子含水量高，浸种时，茶子容易下沉。下沉的种子，可以取出播种，浮在水面的则继续浸，大约经过 5 天，仍不能下沉的茶子则不适用于直播。如果播种迟，茶子含水量往往较低，浸种刚开始很少下沉，两三天才逐渐下沉。连续浸种 1 周后，除去浮在上面不能用于播种的种子。浸种期间，每天应换水一次，顺便将下沉的茶子取出播种。

浸种后的优质茶子，经过催芽后播种，一般可以提前 1 个月左右出土。方法是：先在木盘内铺上 3.3cm 厚的细沙，沙上铺放 7~10cm 厚的茶子，茶子上盖一层沙，沙上盖稻草或麦秸，喷水后放置于室温保持在 50℃左右的保温室中，每天注意换气和喷水。催芽所需时间，春季为 15~20 天，冬季 20~25 天，当有 40%~50% 的茶子露出胚根时，便可以播种。胚根露现以 0.7~1cm 长为宜，过长不便于播种。

3. 播种方法 茶子含有较多脂肪，当种子萌发时，脂肪被水解转化为糖类，此时需要充足的氧气，同时茶子子叶大，萌发时顶土能力弱。所以，播种时不宜盖土太厚，播种深度最好为 3~5cm。但综合季节、气候、土壤变化等因素，冬播应比春播稍深，沙土应比黏土深，旱季也应适当深播。

茶子播种分为大田直播和苗圃地育苗两种。大田直播的优点是简便易行，但苗期管理工作量大。苗圃地育苗方式，苗期管理集中，易于全苗、齐苗和壮苗。大田直播是根据茶园规划的株行距直接播种，每穴播种 3~5 粒。苗圃地育苗的播种方式有穴播、撒播、单株条播、窄幅条播及宽幅条播等，其中穴播和窄幅条播在生产上应用较多。

一般穴播的穴距为 10cm 左右，行距为 15~20cm。每穴播 5 粒种子，每公顷播种量 1200~1500kg。窄幅条播的行距约为 25cm，播幅 5cm 左右，每公顷播种量 1500~1800kg。

播种时，先按播种深度挖好沟、穴，如果做苗畦时未施基肥，可同时开沟施肥，沟深 10cm，施肥后覆土至播种深度，然后按播种技术要求播下茶子，覆土并适当压紧。

4. 幼苗培育 无论是采用大田直播，还是苗圃地育苗，播种后都要精心培育幼苗，最终达到壮苗、齐苗和全苗的目标。主要应做好以下工作：

第一，及时除草，防止杂草与茶苗争夺肥水。

第二，多次追肥。在茶子胚芽出土至第一次生长休止时，开始施用追肥。追肥一般在 6~9 月间追施 4~6 次，以施用稀薄人粪尿或畜液肥（加水 5~10 倍），或用 0.5% 浓度的硫酸铵。浇施人粪尿后能使土壤"返潮"，吸收空气中湿气，可以抗旱保苗。

第三，及时防治病虫害，确保茶树正常生长。

茶子播种后，通常到 5~6 月开始出土，7 月齐苗。在华南和西南部分茶区以及经过催芽处理的茶子，可以提前到 4~5 月出土，5~6 月齐苗。只要经过精心培育，茶苗当年高度可达 25cm 以上，最高能超过 60cm。

第三章
优质茶园的建设及高效管理

第一节 茶园的规划建设

一、园地的规划

外界条件与茶树的生长发育密切相关，良好的外界条件可以有效地促进茶树的生长发育。因此，茶园建设时必须认真选择与规划好园地。

园地规划，不但要考虑当前，还应考虑长远；既要考虑茶树对环境条件的要求，又要考虑农、林、牧生产的整体布局，因地制宜，符合适用、经济、美观的原则。

1. 土地分配　由于有些土地因坡度、交通、水源等原因不适合开挖成茶园，因而较大的茶叶基地都有一定面积的其他农作物生产用地，如果园、菜园等。所以在具体实施用地之前，先行对开发的土地进行各种用途的合理分配非常重要。例如，茶园用地、蔬菜用地、饲料基地、粮食作物用地、果树等经济作物用地、生活用房及畜牧点用地、道路用地、加工厂房用地、水利设施用地、植树及其他用地等。

2. 区块划分　根据地形特点和茶园面积，将全部园地划分为若干生产区；在每个生产区内，可将自然地形或地形有明显变化的地块，分别划为一片；根据茶园面积大小，每一片可再划为若干块，以方便茶行布置、田间管理和茶叶采摘。

3. 道路设置 茶园道路系统，一般分为四种：主道、支道、步道和环园道。

主道（干道）：贯穿于茶园各区之间，并与外界交通相连。通常宽6~8m，以便于拖拉机、汽车等运输工具行驶。面积较小的茶园，可不必设主道，只由场部连通外界交通即可。

支道：按地形和茶园面积设置，是机具下地作业和园内小型机具行驶的主要道路，每隔300~400m设置一条，宽3~4m，最好与主干道垂直相接，与茶行平行。

步道：是茶园分块的界线，为便于人员进行田间管理和采茶而设，一般与茶行垂直或成一定角度相接。步道通常每隔50~80m设一条，路面宽1~2m。如果接近100m，也可在每条茶行中段开0.8~1.2m浅沟，以方便人员来往和排水。

环园道：设在茶园的边缘，是茶园与农田及外单位土地的分界。环园道可与主道、支道、步道结合，因此路宽不完全一致。

茶园道路的设计和修建还必须注意两点：一是节约用地，尽量不占或少占肥沃土地，力求受益面大，弯路少；二是10°以上的坡地茶园步道，要筑成"S"形迂回而上。"S"形路坡度最好不超过10°。

4. 蓄排水沟的建立 茶园水沟系统应根据茶园的具体地势、土壤情况而定，除部分低洼地应以排水为主要目的，其他则以蓄水为主。

水沟系统通常由截洪沟、隔离沟、横水沟、纵水沟组成。合理的水沟系统，要求起到排除渍水、蓄水保墒、保持水土、引水抗旱、便于机耕和经济用地的作用。

截洪沟设置的目的是防止茶园上方积雨面上的洪水流入茶园，假如茶园上方已没有积雨面，则截洪沟可不必设置。截洪沟根据地形按等高线或缓坡设置，沟内取出的泥土放在沟的下方，修成道路。为便于排水，沟的一端或两端要和纵水沟或园外的自然沟相通。沟内每隔 3~5m 留一道稍低于路面的土埂，以拦蓄雨水泥沙。雨水太多时，由埂面流出，以减缓径流（图 3-1）。

图 3-1　茶园截洪沟与纵水沟

隔离沟通常宽 0.5~0.7m，深 0.3~0.5m，主要设在环园道的内侧。为减少泥沙冲出园外，应每隔一定距离挖积沙坑。隔离沟还可以防止树根、竹根、杂草侵入茶园。山地茶园上方的截洪沟即为隔离沟。

为使蓄水分布均匀，梯形茶园在每梯内侧开横水沟；缓坡茶园则一般隔 8~12 行茶树设置一条横水沟，具体可根据地势而定。为排出蓄水后多余的水，避免积水，在水沟两头出口处和低洼处应做成浅沟。

纵水沟开设在各片茶园之间或一片茶园中地形特低的集水线处和道路两旁，与截洪沟、横水沟、隔离沟相连接，主要作用是排出多余的水或因地下水位高而产生的积水。一般沟深 0.3m，宽 0.4~0.5m，与横水沟连接的地方要设积沙坑。为拦蓄雨水，减缓径流，山地茶园的纵水沟内还应设置小水坝。

地下水位高的茶园，可修建明、暗两种排出积水的水沟。明沟沟深应超过 1m，暗沟则在 1m 以下的土层中，按照自然地形，用石块或砖块砌成。有的地方为隔离地下水，取得良好的排水效果，还在上述砌沟部位，铺上卵石或碎砖头。

茶园水沟系统的设计，应充分考虑到茶园灌溉的安排。例如，有水利工程的地方，截洪沟和横水沟应连接引水渠道，以方便茶园用水。

5. 林地与行道树布置 在茶园及周边适当种些树木，有利于茶树的生长。凡冻害、风害等不严重的茶区，可以造些经济林、水土保持林、风景林。一些不宜种植作物的陡坡地、山顶及地形复杂或割裂的地方，保留原有的林木。林带设置必须结合茶园的道路、水利系统，不妨碍茶园使用机械的布局。园内植树须选择与茶树无共同病虫害、根系分布深的树种。

以抗御自然灾害为主的防护带，其主林带应设在茶园的外围，挡风面与风向垂直或成一定角度（小于 45°）；在茶园内的沟渠、道路两旁植树作为副林带，二者构成一个护园网。

防护林的防护效果通常是林带高度的 15～25 倍，如树高 20m，就可按 400～500m 距离种植一条主要林带，栽乔木型树种 2～3 行，行距 2～3m，株距 1.0～1.5m，前后交错，呈三角形，再在两旁栽灌木型树种。

林带结构有紧密结构、透风结构和稀疏结构三种。紧密结构主要适用于风寒冻害严重地带；透风结构和稀疏结构适宜于有台风袭击的地带。

在茶场范围内的道路、沟渠两旁及住宅四周，可相间栽种乔木、灌木树种作为行道树，既可以美化环境，又能够保护茶树，改善茶园生态系统。

6. 蓄水池与积肥坑 为保证抗旱保苗和病虫害防治的供水，茶园上方应修建大型蓄水池，同时应在茶园各个部位的适当地点建立多个中型蓄水池。在有提水或引水工程的地方，蓄水池的体积可相应减小。

在土边三角地块，还可建立积肥坑。这样可以就地取材，就地堆肥，就地利用茶园内各种有机质杂肥。

此外，开辟在陡坡山地的茶园，应该修筑梯田，以利于茶园灌溉和田间管理，更是做好水土保持的基本措施。

二、园地的开垦

园地开垦的目的是给茶树生长创造良好的土壤环境，主要内容是清除园地中的障碍物，深翻熟化土壤及调整地形。

在开垦之前，先要对地面进行清理，分别根据实际情况对园地内的柴草、树木、乱石、坟堆等进行处理。园地道路、沟、渠旁的原有树木应尽量保留，乱石可填于低处，但应深埋于土层 1m 之下。如果是石灰块，应该搬掉，避免土壤带碱，影响茶树生长。

平地及坡度在 15°以内的缓坡地茶园，要沿等高线横向开垦，使坡面相对一致。如果坡面不规则，则按"大弯随势，小弯取直"的原则开垦。如果局部地面因水土流失而形成"剥皮山"，应采取加客土等措施使表土层厚度达到种植要求。

地面清理后，除准备用草皮砖筑梯的茶园，通常都要先进行初垦。初垦在一年四季均可进行，由于烈日暴晒或严寒冰冻可促使土壤风化，因而以夏冬农闲时最为合适。初垦深度约 50cm，但必须将竹鞭、柴根、狼箕、金刚刺等多年生草根清除出园，堆集于地面，以防止杂草复活。杂草特别多、初垦时无法全部清除的茶园，可以进行一次全面复垦深翻。

由于种种原因，有些茶园的局部地段形成了高低相差悬殊的凸地和凹地，需要从凸地取土填往凹地。为避免人为地造成土壤肥力不匀，影响今后茶树生长的整齐度，取土时不要将凸地的表土一层层全部填往凹地，可以先把凸地上的表土挖至一边，再开坑取土，避免凸地留下的全为底土。

种茶前深翻土地，是茶园基础建设的关键性措施之一。深翻可以改善土壤结构，促进土壤熟化，增强土壤通气、保水、保肥能力，适应茶树生长的需要。如果种茶前不把土地深翻好，那么在种植之后，茶蓬底下的土层就很难再行深翻，将严重阻碍茶树根系的发展。

在土壤初垦之后，缓坡茶园应进行复垦深翻。如果因茶园面积大、时间仓促而无法全面深翻时，可以采用带状深翻的方式，以后再分年深翻行间来解决这一问题。

带状深翻应根据规划的种植行进行，深、宽各 0.5m 左右。具体做法是：按规格在种植行的一端挖出一段长 1.5~2m 的沟，然后将前方 1.5~2m 长度面积上的表土挖入沟内，将准备好的肥料与土壤拌匀放入第二层，最后将前段底土填在沟的上层而挖出第二段沟，循此前进。这样做具有三大优点：

①可以保证深翻的质量要求。

②表土在沟的下部，肥料可以均匀地分布在种植沟的中下层，有利于根系向下发展。

③底土翻到上面，可促使土壤熟化和茶苗出土，并能减少杂草滋生。

梯形茶园由于靠梯外边缘部分的填土都在 0.5m 以上，因此，仅需对梯土内侧深度不够 0.5m 的部位进行深翻即可。一般窄梯应进行全面深翻，宽梯则可采用带状深翻。

三、茶树的种植

茶树种植包括茶苗移栽和茶子直播两种方式。目前，各地发展的新茶园多用无性系茶苗，即集中育苗，用扦插繁育的茶苗进行移栽，茶树种植主要指茶苗移栽的过程。然而有一些地区，由于交通不便、种植茶苗投资成本高，或高山气温低，冬季经常发生寒冬灾害，因而仍选择茶子直播的方式。

在移栽与播种之前，先要确定种植的规格，以便决定所需用苗与用种量。

种植规格是指茶园内茶树的行距、株距（丛距）及每丛所需苗木数，是"合理密植"的重要参数。"合理密植"就是使茶园内的茶树形成合理的群体密度，可以充分地利用光能和土壤营养，正常地生长发育并达到高产优质的目的。

常规茶园种植的规格多是单行条列式种植，行距150~170cm，丛距26~33cm，每丛植苗2~3株。同时可在茶行间适当多种上些茶苗，以便在茶行出现缺株断丛现象时及时补苗。在具体应用过程中，应根据当地的气候条件、土层深度与土壤肥沃程度做相应的调整。例如，在北方及一些高山茶区，气温较低、土层较薄、肥力较差的地区种植，可适当提高密度，茶树年生长量小，太宽了，茶树长大后，树冠不能覆盖茶行间裸地面积覆，不利于水土保持和土地利用率的提高。土层深厚、土壤肥沃的南方茶区，气温高，年生长量大，种得太密，茶树长大后，树冠容易密闭，不利于通风透光，这种条件下可考虑植茶密度适当稀些。茶树的品种不同，在种植密度的选择上也有不同的要求，树势高大、年生长量大的乔木或小乔木大叶种品种，行株距宜宽一点；树势矮小、年生长量小的灌木型小叶种茶树品种，行株距可密一些。

在原来的单行种植的规格下种植两列茶树，是长江中下游及北部茶区、高山茶区采用较多的一种种植规格。这种种植规格有大小行距之分，大行距指单条植的行距，即150~170cm，行距之间是茶农采茶、修剪、施肥等田间管理的操作道。原来种单行茶树的地上，种了两列，这两列之间的列距较小，称为小行距。茶树长大后，这一小行距被树冠覆盖，看起来还像是一行茶行，小行距的行距约30cm。各小行的丛距是26~33cm，每丛植2株。这样可以提高茶树种植密度，具有成园快、投产早的特点。如果将两小行茶行不做平行排列，交错呈锯齿状排列（图3-2），则茶苗可以较好地占有土地空间，有利于苗期生长。新建基地初期裸地面积较小，采用这种排列方式，对水土保持有积极的作用。这种种植规格的大行距与丛距，和单行条列式相同。

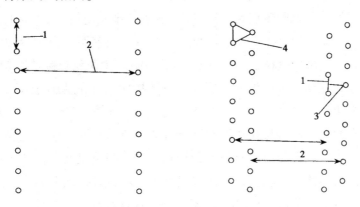

图 3-2　茶树种植形式

1. 丛距 26~33cm　2. 行距 150~170cm　3. 小行距 30mm　4. 呈等边三角形

用茶子进行直播的播种规格与上述两种规格相同，每穴一般播种子 4~5 粒。种子的质量差别较大，不同品种的种子大小相差也较大，计算出 1kg 种子的颗粒数，就可算出 1 公顷用种子的数量。

1. 茶苗移栽　保证茶苗移栽的成活率，一是要掌握好移植时间，二是要严格栽植技术，三是要做好移栽后的管理。

（1）移植时间　茶树的生长动态和当地的气候条件是确定移栽适期的两大依据。当茶树处于休眠阶段，气候条件不致使茶树植后受害，选择土壤含水量高和空气湿度大的时期移栽茶苗最为合适。在长江流域一带的广大茶区，移栽茶苗的适期为晚秋或早春（11 月或翌年 3 月）。干湿季明显的云南地区，芒种至小暑（6 月初至 7 月中）进入雨季，这段时间为移栽茶苗的适期。气温低、冬季有较严重冻害发生的北部与高山茶区，可选择在春季气温升高，气候条件适宜时再行移植。具体时间可在当地适宜植茶时期范围内适应提前一点为好。因为提早移栽，茶苗地上部分还处于休眠阶段或生长缓慢阶段，可以使移栽过程损伤的根系有一个较长的恢复生长时间。

（2）移栽技术　在种茶之前，必须对茶园进行全面深垦，整平后，开深30~40cm、宽30cm左右的栽植沟，施入以有机肥和磷肥为主的基肥。有机肥体积大，沟应开得深些，磷肥施在约25cm的土层中，有机肥可以是土杂肥、厩肥、菜饼等。农家肥每亩用量2000~3000kg，或菜饼300kg，磷肥施入量约30kg。为避免肥料对茶苗的灼伤，应避免新植茶苗根系与肥料的直接接触，可在基肥施入后，覆上一层土。

移栽时，起苗与栽植同时进行。如果苗地干燥，应事先浇水湿润土壤，以减少起苗时对根系的损伤，提高茶苗成活率。如果连同育苗的营养钵苗移栽，营养钵未腐烂的，需打开钵底和钵壁，去除外套，以免茶苗根系与穴内土壤不能充分接触而影响其生长。

每丛通常栽植2~3株茶苗，种在同一丛内的茶苗，必须选择苗木粗细大小一致，不能同丛搭配大小苗。茶苗移入沟内，对齐泥门（根颈部的压土痕迹），做到根系舒展，保持根系的原来姿态，一手扶直茶苗，一手将土填入沟中，当覆土至不露须根时，轻轻将茶苗向上一提，保持茶苗根系自然舒展，一边覆土一边压紧根颈部土壤，使根与土壤紧密相结。覆土至3/4沟深时，可浇定根水，使根部的土壤完全湿润。水渗下后，继续覆土至略高出茶苗原来的压土痕迹为止。最上层可用锄头将茶苗的根颈部轻轻打紧，或用脚将根颈部的土层踩紧实。

（3）提高移栽成活率的方法　新建茶园经常出现缺丛或缺株现象。因此，应做好浇水抗旱、遮阳防晒、勤除杂草、根际覆盖等工作，以保证移栽茶苗成活率。

①浇水抗旱。移栽茶苗的根系损伤较大，移栽后必须及时浇水，之后可根据情况每隔1~2周浇一次水，直到成活为止。成活后，一般无公害茶园，可适当施一些发酵过的稀薄人粪尿；绿色食品茶园和有机茶园，可施经颁证的稀氨基酸液肥和经无害化处理过的堆、

沤肥液，以提高苗期的抗旱能力。

②遮阳防晒。茶树幼苗期，夏天强烈的阳光照射和高温干旱会灼伤茶树叶子，严重时会晒死整株茶苗，在"伏旱"季节表现更为明显，加上茶园防护林、行道树和遮阳树等都未长成，生态条件差，相对湿度小。因此，在第一至第二年的高温季节，必须进行季节性遮阳。可在茶苗的西南方向插上捆扎成束的狼萁草、杉枝和稻草、麦秆等，挡住部分阳光。高温干旱季节过后，将遮阳物及时拔除或作为铺草材料铺在茶行之间，既保土壤水分，又可以增加土壤有机质。

③根际覆盖。根据实际生产经验，旱季根际铺草，能够促进茶苗的生长势，有利于茶苗成活率的提高。一般无公害茶园根际覆盖的材料主要有稻草、麦秆、绿肥等，绿色食品茶园和有机茶园则以山草、绿肥为主，可在茶苗根颈两旁根系分布区覆盖，上面再压上碎土。缺水地块更应大力采用这种方式。秋冬移栽的茶苗，在移栽结束后立即覆盖，可以抗寒保温。其他季节移栽的茶苗，则应在旱季到来之前覆盖好。

④间作绿肥。合理间作绿肥是有机农业生产的重要技术措施，不仅可以解决幼龄茶园的肥源问题，还可以增加土壤覆盖率，防止水土流失，护梯保坎，增加茶园生物多样性等。

另外，如果苗圃起出的茶苗，当日未能移栽和等待装运，或运到目的地后不能及时定植时，则应将其集中埋植在泥土沟内，或用地衣植物包扎根部，放于阴凉处，防止茶苗失水，提高茶苗成活率。

2. 茶子直播　用茶子直接播种的茶园，由于存在性状分离，很容易产生品种退化，导致管理困难、品质和产量不稳，也不利于机械化作业。但用茶子播种，方便，投资成本低，苗期茶子根系入土深，抗逆能力强。在冬季寒冷的北部茶区，一些海拔较高、冬季气温较低的高山茶区，还有少量茶园采用这一方法进行播种。播种的规格与种植的规格相同。

（1）播种时间　一般茶区，从茶子采收到翌年3月的这段时间内，除冰冻期间，都可播种，以早播为宜。秋冬季播种，可以不必对茶子进行贮藏，并能在第二年提前半月出苗，这对当年茶苗的生长有利。因此，10月采收后的茶子，只要茶园土地已整好，就可以直接播入土中。有的地区，冬季可能发生较严重的冻害，则应避开这一时期，在第二年经浸种催芽后播种。具体播种时间：秋冬播种在10~12月；春季播种不宜超过3月，否则会影响茶子的出苗率。

（2）播种方法　秋冬播种，种子在土壤中有较长时间可以吸收水分，胀裂种皮，一般不对种子进行特别处理。春播茶子在播种前进行茶子处理（浸种和催芽），可以提高种子出苗成活率。

用茶子直播，每公顷用符合标准的茶子75~90kg，按照规定丛距每丛播4~5粒茶子，覆土3cm左右。然后在播种行上盖一层糠壳、蕨类、锯木屑、麦秸或稻草等物，以保持播种行土壤疏松，促进出苗。播种深度对茶苗有很大的影响，播种过浅或过深都有可能造成严重缺苗。如果播种过浅，茶子容易裸露地面，受寒冻或旱热的影响，导致出苗率降低。如果播种偏深，幼苗出土较迟，一旦遭遇高温干旱季节，刚露地面的胚芽容易被日光灼伤而枯萎，影响茶苗的正常生长。

第二节　茶树设施栽培

作为露地栽培的特殊形式，茶树设施栽培主要是利用塑料大棚、温室或其他设施，改造或创造局部范围内光照、温度、湿度、二氧化碳、氧气和土壤等茶树生长的环境气象条件，对茶叶生产目标进行人工调节。

塑料大棚栽培和日光温室栽培是茶树设施栽培的两种主要形式，二者的共同点都是利用塑料薄膜的温室效应，提高气温与土壤温度，增加有效积温。由于采茶期提早，茶叶价格升高，经济效益显著。其主要区别是日光温室有保温效果显著的后墙（北面），而塑料大棚没有，所以日光温室冬季保温性能显著优于普通塑料大棚，适于冬季寒冷的北方茶区，特别是山东省，当地农民习惯将日光温室称为冬暖大棚。而塑料大棚栽培茶树在我国南北各产茶省普遍应用，另外，塑料大棚和温室还可以减轻冬季霜冻和春季"倒春寒"的危害。

一、塑料大棚

　　将塑料大棚搭建在茶园中的目的是增温、保温、控温，取得早生产、高效益的效果。塑料大棚搭建后，茶园的环境发生了变化。因此，必须充分了解塑料大棚的园地选择、环境调控、大棚措施运用等知识，科学改变相应的生产措施。

　　1. 塑料大棚茶园的选择与建造　茶园塑料大棚的搭建，需要选择适宜的园地，具体条件包括：茶园地势平坦或南低北高，向阳避风，靠近水源，排灌方便，土地肥沃，种植规范；茶树长势应旺盛，树冠覆盖度大，最好是产量高、发芽早、芽密度高、品质好、适制名优绿茶的良种茶园，如浙农 139、浙农 117、龙井 43、福鼎大白茶、乌牛早、迎霜和白毫早等。我国北方如山东等地塑料大棚一般选用楮叶种、龙井 43、白毫早和福鼎大白茶等。

　　塑料大棚对棚膜的要求是：透光性好，不易老化，可以最大限度利用冬季阳光。目前北方大棚茶园的覆盖材料大多是 0.05 ~ 0.1mm 无滴 PVC 塑料薄膜，棚内地面覆盖 0.004mm 地膜，以草苫为夜间保温材料。大棚支架主要由立柱（木桩或水泥柱）和拱架（竹竿、木条和铁丝等）两部分组成。

　　大棚搭建时间须综合考虑，以既能提早茶叶开采，又不影响茶叶产量和品质为原则。一般情况下，北方茶区 10 月下旬建造大棚，浙江杭州地区则于 12 月底至翌年 1 月上旬搭棚盖膜。

简易竹木结构和钢架结构是塑料大棚比较实用的两种类型。竹木结构大棚的优点是取材方便，造价低廉，使用寿命一般为 3 年，是目前大棚的主要形式；缺点是立柱多，遮光严重，柱脚易腐烂，抗风雪能力差。钢架结构大棚无立柱，透光好，作业方便，使用寿命长，通常可用 10 年左右，但建造成本较高。

为充分利用冬季阳光，塑料大棚的方向以坐北朝南或朝南偏东 5° 为好。以长 30~50m，宽 8~15m，高 2.2~2.8m 为宜。由于棚越高承受风的荷载越大，越易损坏，因此大棚最高不应超过 3m，棚与棚之间还要保持适当的距离。

2. 大棚茶园的环境条件调控 大棚内温度最好控制在 15~25℃，最低不低于 8℃，最高不要超过 30℃。寒冷的阴雨天或大风天气，要格外注意温度变化。夜间温度迅速下降时，也应注意保温。例如，江北茶区夜间应加盖草苫，保证夜间最低温度不低于 8℃，必要时可进行人工加温。土壤相对含水量在 70%~80% 时，最有利于茶树的生长，当土壤相对含水量达到 90% 以上时，透气性差，不利于茶树的生长。在实际生产中，可通过地面覆盖、通风排湿、温度调控等措施，将空气湿度调控在最佳范围（白天为 65%~75%，夜间为 80% 左右）内。如发现湿度不够，要及时喷水增湿。保温与通风散热是冬季大棚茶园管理的主要环节。塑料大棚要牢固、密封，以防冷空气侵入。要经常对大棚进行检修，发现棚顶有积水和积雪时应及时清除，并及时用黏胶带修补破损棚膜。要及时做好通风散热工作，晴天可在上午 10 时前后开启通风道，下午 3 时左右关闭，控制棚内温度在适宜范围内。

如果光照强度不足，很容易使大棚内的茶树受到影响，特别是简易竹木结构大棚内由于立柱和拱架的遮挡，以及塑料薄膜的反射、吸收和折射等作用，棚内光强只是棚外自然光强的 50% 左右，对茶树叶片的光合效率有很大影响。为达到高产优质的生产目标，必须提高光照强度。除了选择向阳的茶园和使用透光、耐老化、防污染的透明塑料薄膜，晚上盖草苫，白天应及时揭开草苫；薄膜要保持清洁，以利透光。可将反光幕安装在棚室后部，尽量增加光照强度。改善冬季大棚光照条件还可以采用人工补光的办法，可以在晴天早晚或阴雨天用农用高压汞灯照射茶园。

3. 大棚茶园的施肥 有机肥是大棚茶园的主要基肥，包括茶树专用生物活性有机肥、厩肥和饼肥等。每公顷施用"百禾福"生物活性有机肥和饼肥各 1500~2250kg，或厩肥 30t 以上，结合深翻于 9~10 月开沟施入，沟深 20cm 左右。施用化学肥料要严格按照无公害茶、绿色食品茶和有机茶施肥的规范操作。无公害茶和 A 级绿色食品茶主要以氮素化肥作为追肥，如尿素、硫酸铵、"中茶 1 号"茶树专用肥等，若混合施用速效氮肥和茶树专用肥，效果更好。用量按照公顷产 1500kg 干茶施纯氮 120~150kg 计算，分 2~3 次施入，其中催芽肥占 50%，催芽肥一般在茶芽萌动前 15 天左右开沟施入，沟深 10cm 左右。

塑料大棚常处于密闭状态，二氧化碳的来源受到很大限制。夜间由于茶树的呼吸作用、土壤微生物分解有机物释放出二氧化碳，大棚空气中二氧化碳浓度很高，但日出后，随着茶树光合作用的增强，棚内二氧化碳浓度显著降低，假如晴天通风不畅，二氧化碳浓度甚至可降到 100mg/L 以下，影响茶树光合作用的正常进行。因此，适时补充二氧化碳非常必要。在大棚茶园施用二氧化碳气肥，可促进茶树的光合作用，提高产量和品质。目前常用的方法有两种：一种是通过降压阀，将钢瓶中高压液态二氧化碳灌入 $0.5m^3$ 的塑料袋中，灌满后扎紧袋口，在晴天上午 9 时放在茶行中间，下午 4 时收回；另一种是用碳酸氢铵和稀硫酸混合产生二氧化碳，在上午 9~11 时施用。碳酸氢铵用量在 $3~5g/m^2$ 时，大棚内二氧化碳浓度可升至 1000mg/L。这两种方法都简便易行，可使大棚茶园内二氧化碳浓度提高 2 倍以上，茶叶产量增加 20% 左右，香气和滋味得到改善。需要注意的是，二氧化碳气肥最好不要在阴天或雨雪天施用，而应该在晴天上午光照充足时施用。另外，通风换气和多施有机肥也是提高大棚二氧化碳浓度的有效途径。

4. 大棚茶园的灌溉与修剪　大棚搭建前结合深耕施肥，进行一次灌溉，给将要搭棚茶园供足水分，并在茶行间铺 10~15cm 厚的各种杂草和作物秸秆，草面适当压土，第二年秋季翻埋入土，既可以减少土壤水分蒸发，增温保湿，又能够改良土壤结构，提高土壤肥力。

塑料大棚是一个近似封闭的小环境，主要靠人工灌溉补充土壤水分。由于土壤蒸发和茶树蒸腾产生的水汽，在气温较高时常会在塑料薄膜表面凝结成水珠，返落到茶园内，因此地表至 10cm 深的土层的含水量较高且变化稳定。通常相对含水量可达 80% 以上，但在 30cm 左右土层则容易干旱，尤其是在气温升高到 20℃ 以上，又经常开门通风的情况下，棚内水汽大量散失，如果持续几天不灌水，土壤相对含水量很快会降到 70% 以下。因此，棚内气温在 15℃ 左右时，应每隔 5~8 天灌水 20mm 左右，气温在 20℃ 以上时，应每隔 3 天灌水 15mm 左右。灌溉的最好时间是阴天过后的晴天上午，可以利用中午的高温使地温迅速上升。灌水后要进行通风换气，以降低棚内空气湿度。灌溉的方式可根据条件进行沟灌、喷灌、滴管，用低压小喷头喷灌或滴灌进行灌溉效果较好，不仅省水、省工、效率高，而且容易控制灌水量。

由于冬季气温较低，北方茶区灌溉后大棚内气温和土温很难回升，因此应尽量减少大棚灌溉的次数。最好在建棚前几天，对茶园灌一遍透水，然后在大棚建好 30 天和第一轮棚茶结束后，再分别灌一次水。为避免大水漫灌，可采用喷灌或人工喷雾器进行给水。

塑料大棚茶园多是树龄较小或前几年间受过较重程度的修剪改造、生长势较旺的茶园，为使茶芽早发，建棚后春茶前不进行冠面的修剪，而仅在秋茶后进行茶行间的边缘修剪，或轻度的树冠面平整，以保持茶行间良好的通风透光条件。树冠面的轻修剪及其他程度较重的茶树修剪改造措施应在春茶后进行。

5. 大棚茶园的采摘与揭膜　大棚茶叶的采摘原则是早采、嫩采，通常当蓬面上有5%～10%的新梢达到1芽1叶初展时即可开采，采摘原则为"及时、分批、多采高档茶"。春茶前期留鱼叶采，春茶后期及夏茶留一叶采，秋茶前期适当留叶采，后期留鱼叶采，并提早封园，保持茶树叶面积指数在3～4，保证冬春季有充足的光合面积，为来年春茶的优质高产创造前提条件。

随着气温升高，没有寒潮和低温危害时可以揭开棚膜。杭州地区的揭膜时间通常在4月上旬，北方地区多在4月下旬。在揭膜前1周，每天早晨应将通风口开启，傍晚时关闭，连续6～7天，使棚内茶树逐渐适应棚外自然环境，最后完全揭除薄膜。

需要提醒的一点是，在茶园搭建塑料大棚茶园，茶树正常的休眠与生长平衡被人为打破，对茶树自身的养分积累和生长发育不利。为充分提高茶园的经济效益，连续搭建大棚的茶园最好在2～3年后最好停止1年，以利于茶树恢复生机。

二、日光温室

山东茶区由于冬季气温较低，傍晚降温快，降温幅度大，一般的塑料大棚保温效果无法使茶树抵御夜间低温的侵袭，而采用日光温室可以起到有效的保温作用。因此，日光温室在山东茶区的应用较多。

1. 日光温室茶园的选择与建造　日光温室应建在背风向阳、水源充足、交通便利、土壤肥沃的缓坡地，最好是发芽早、产量高、品质优、适制名优绿茶的壮年良种茶园。茶园茶树要求树冠覆盖度在85%以上、生长健壮、长势旺盛。

日光温室棚室为琴弦式结构，长 30~50m，跨度 8~10m。东、西、北三面建墙，墙体厚 0.6~0.8m，脊高 2.8~3.0m，后墙高 1.8~2.0m，棚室最南端高 0.8~1.0m。后屋面角应不小于 45°，厚度在 0.4m 以上，以利于冬天阳光直射到后墙和后屋面的里面。覆盖物料要求选择厚度在 0.08mm 以上的聚氯乙烯无滴膜和厚度为 4.0cm 以上、宽度为 1.2m 左右的草苫。

2. 日光温室茶园水肥管理技术　为保证茶树的正常生长和新茶在元旦节前上市，应在"立冬"前后扣棚，"小雪"前后覆盖草苫。为改善土壤通气透水状况，应在每年"白露"前后对茶园进行一次深度为 20cm 左右的深耕，要求整细整平，以促进根系生长。为减少地面水分蒸发和提高低温，可在生产期间适时进行 5~7cm 的中耕。

"白露"前后，应结合茶园深耕开沟施入基肥。施肥深度约为 20cm，一般每公顷施农家肥 45~75t，三元复合肥 450~600kg，或施饼肥 2250~4500kg，三元复合肥 450~600kg，有机茶园不宜使用化肥。一般施 2 次追肥，分别在扣棚后和第一轮大棚茶结束时开沟施入，沟深为 10~15cm，施肥后及时盖土。无公害茶园和绿色食品茶园每公顷施三元复合肥第一次为 450~600kg，第二次为 300~450kg。

扣棚前 5~7 天，应对茶园灌一遍透水，一般使土壤湿润层深度达 30cm 左右，以满足茶树对水分的需要。扣棚期间以增温保湿为主，应尽量减少浇水次数和浇水量，通常只需浇 2 次水，第一次在扣棚后 30 天左右进行，第二次在第一轮大棚茶结束时进行。浇水时间以晴天上午 10 点左右进行较好，宜采用蓬面喷水方法，不能用大水漫灌。阴天、雪天则不宜浇水。

3. 日光温室茶园环境条件调控　白天室温应保持在 20~28℃，夜间不低于 10℃。中午室温超过 30℃时，应进行通风，当室温降至 24℃时关闭通风口。白天空气相对湿度的适宜范围为 65%~75%，夜间为 80%~90%。在生产上，可通过地面覆盖、通风排湿、温度调控等措施，尽可能地将室内的空气湿度控制在最佳指标范围内。为增加光照强度和时间，应该保持覆盖膜面清洁，并在白天揭开草苫，还可以采取在棚室后部张挂反光幕等措施。为提高茶叶产量和品质，温室宜增施二氧化碳气肥，以促进光合作用。

晴日阳光照到棚面时，应及时揭开草苫。上午揭草苫的适宜时间，以揭开草苫后温室内气温无明显下降为准，下午当室温降至20℃左右时盖苫。雨天应揭开草苫。雪天若揭开草苫，室温会明显下降，因而只能在中午短时间揭开。连续阴天时，可在午前揭苫，午后盖上。棚面若有积雪应及时清除。

4. 日光温室茶园病虫害防治与修剪 夏秋茶期间，应及时防治茶树叶部病害和螨类、蚧类、黑刺粉虱、小绿叶蝉等。为防治小绿叶蝉和黑刺粉虱等的危害，扣棚前5~7天，应分别按照无公害茶、绿色食品茶和有机茶农药使用规程要求对茶园治虫一次，扣棚期间一般不再用药。如果病虫害严重，必须在严格控制施药量与安全间隔期的情况下，用有针对性的高效、低毒、低残留的药剂。秋茶结束后至扣棚前，禁止用石硫合剂。

扣棚前，应对茶树进行一次35cm左右的轻修剪。为方便田间作业和通风透光，对覆盖度大的茶园应进行边缘修剪，保持茶行间隙在15~20cm。

5. 采收与揭膜 日光温室茶园多以生产名优绿茶为主，应根据加工原料的要求，按照标准及时、分批采摘。人工采茶应采用提手采的手法，以保持鲜叶完整、新鲜、匀净，并盛装在采用清洁、通风性良好的竹编茶篓里。采下的鲜叶要及时出售和运抵茶厂加工，防止鲜叶受冻和变质。揭膜时间为4月中下旬，在揭膜前的7~10天应每天早晨将通风口开启，傍晚关闭，使茶树逐渐适应自然环境，然后转入露天管理和生产。

茶园土壤管理技术

茶树生长所必需的水分、营养元素等物质都是通过土壤进入茶树体内。可以说，土壤是茶树生长的根本，也是茶树优质、高产、高效的基本条件。因此，土壤的性质直接影响到茶树生育、产量和品质。一切与茶园土壤有关的栽培活动都属于茶园土壤管理工作的内容，包括茶园耕作、茶园土壤肥力培育与维护等方面。茶园土壤管理的好坏，直接影响茶树的生育，进而影响茶园产量、茶叶品质、经济效益、生态和生产的可持续性。

一、茶园耕作

合理的茶园耕作可以疏松茶园表土板结层，协调土壤水、肥、气、热状况，翻埋肥料和有机质，熟化土壤增厚耕作层，提高土壤保肥和供肥能力，同时还可以减少病虫害，消除杂草。不合理的耕作容易破坏土壤结构，引起水土流失，加速土壤有机质分解消耗，并会损伤茶树根系，降低茶叶产量。因此，茶园耕作需要根据茶园特点合理进行，并密切结合施肥、灌溉等栽培措施，扬长避短，以充分提高土壤肥力，增进茶叶产量和品质。

根据茶园耕作的时间、目的、要求不同，可以分为生产季节的耕作和非生产季节的耕作。

1. 生产季节的耕作——中耕与浅锄　在生产季节，茶树地上部分的生长发育十分旺盛，芽叶不断分化，新梢不断生育和采摘，需要地下部分不断地供应大量水分和养分。这一时期往往也是茶园中杂草生长茂盛的季节，也要消耗大量的水分和养分。同时，生产季节是土壤蒸发和植物蒸腾失水量最多的季节。不但如此，由于降雨和人们在茶园中不断采摘等管理措施，生产季节很容易造成茶园表层板结，土壤结构被破坏，不利于茶树的生长发育。因此，在茶园管理中常采取不断耕作的措施，达到及时除草、疏松土壤、增加土壤通透性、减少土壤中养分和水分的消耗、提高土壤保蓄水分能力的目的。为避免损伤吸收根，生产季节的耕作以中耕（15cm以内）或浅锄（2~5cm）为宜。根据杂草发生的多少和土壤板结程度、降雨等情况决定耕作的次数。专业性茶园通常应进行3~5次，其中春茶前的中耕、春茶后及夏茶后的浅锄这三次是必不可少的，并最好结合施肥进行。

（1）春茶前中耕　春茶前进行中耕，可以显著提高春茶产量。茶园经过几个月的雨雪，土壤已经板结，而这时土壤温度较低，此时耕作既可除去早春杂草，又可疏松土壤。耕作后土壤疏松，表土易于干燥，加速土壤温度回升，可以促进春茶提早萌发。长江中下游地区进行此次中耕的时间通常是3月份（惊蛰至清明），以该地区为分界点，向南的茶区时间应提前，向北的茶区时间可推后。例如，广东省、海南省茶区可在2月份进行，而山东省却要推迟到4月份。由于地形、地势以及品种等不同，同一地区的中耕时间可适当调整。中耕的深度一般为10~15cm，不能太深，否则容易造成根系损伤，不利于春季根系的吸收。这次中耕结合施催芽肥，同时要扒开秋冬季在茶树根茎部防冻时所培高的土壤，并结合清理排水沟等措施对行间地面进行平整。

（2）春茶后的浅锄　这次浅锄应在春茶采摘结束后立即进行。长江中下游茶区多在5月中、下旬。此时气温较高，降水量丰富，正是夏季开花植被旺盛萌发的时期，加上春茶采摘期间土壤被踩板结，雨水难以渗透，因此必须及时浅锄。根据土壤板结程度和杂草根系深度，深度一般为 10cm 左右。因为这次浅锄是以除去杂草、切断毛细管、保蓄水分为目的，所以不能太深，只宜浅锄。

（3）夏茶后的浅锄　这次浅锄应在夏茶结束后立即进行。有的地区是在三茶期间进行，时间在 7 月中旬。夏季天气炎热，杂草生长旺盛，土壤水分蒸发量大，并且气候比较干旱，此时及时进行深度在 7~8cm 的浅锄，可以切断毛细管，减少水分蒸发，消灭杂草。此次耕作要特别注意当时的天气状况，不宜在持续高温干旱天进行。

由于茶树生长季节较长，因此除上述三次耕锄，还应根据杂草发生情况增加 1~2 次浅锄，特别是气温较高的 8~9 月，杂草开花结子多，务必要抢在秋季植被开花之前，彻底消除，减少第二年杂草发生。幼年茶园由于茶树覆盖度小，行间空隙较大，更容易滋生杂草，而且茶苗也容易受到杂草的侵害，因此耕锄的次数应多于成年茶园，否则容易形成草荒，影响茶苗生长。

2. 非生产季节的耕作——深耕　在秋季茶叶采摘结束后，进行的一次深度为 15cm 以上的深耕，是茶叶增产的重要措施。此时天气炎热，气温高，杂草肥嫩，深耕时将杂草埋入土中很快会腐烂，使土壤有机质增加。而且此时茶树断根的愈合发根力强，可明显增加下一年春夏茶的产量。

（1）深耕的时期　不同深耕时期对各季产量的影响结果表明，增产效果最好的是秋耕，其次是伏耕和春耕，冬耕效果最差。我国大部分茶区通常选择 9 月下旬或 10 月上旬，并以早耕为好；对于较北的茶区，深耕时间可相应提早；而海南等南方茶区，则可在 12 月份进行深耕。

（2）深耕的深度和方法　由于深耕对茶树根系的损伤较大，因此应根据茶树根系分布的情况进行。

幼年期茶园因为在种植前已经有过深垦，所以行间深耕通常只是结合施基肥时挖基肥沟，基肥沟深度在 30cm 左右，种茶后第一年基肥沟部位应距离茶树 20~30cm，之后随着茶树的长大，逐渐加大基肥沟部位和茶树的距离。

成年期茶园由于整个行间都有茶树根系分布，如果行间耕作过深、耕幅过宽，就会使茶树根系受到较多损伤，因此成年茶园一般深耕深度不超过 30cm，宽度不超过 50cm，近根基处应逐渐浅耕 10~15cm。

衰老茶园的深耕应结合树冠更新进行，最好不超过 50cm×50cm，并结合施用一定量的有机肥。

行株距大、根系分布比较稀疏的丛栽茶园，深耕的深度可达 25~30cm，同时要掌握丛边浅、行间深的原则；行间根系分布多的条栽茶园，深耕的深度应浅些，通常控制在 15~25cm；而多行条栽密植茶园，根系几乎布满整个茶园行间，为了减轻对根系的伤害，一般隔 1~2 年深耕一次，深度为 10~15cm，并结合施基肥。

二、茶园土壤肥力培育与维护

土壤是茶树生存的基础，茶园土壤管理的一切措施都是为了茶园土壤肥力的培育与维护。提高茶园土壤肥力的主要措施有茶园间作、茶园地面覆盖和茶园土壤改良等。

优质高产茶园土壤肥力的指标：

（1）物理指标　土层深厚（1m 以上），剖面构型合理，沙壤质地，土体疏松，通透性良好，持水保水能力强，渗水性能好等。

（2）化学指标　土壤呈酸性，含有丰富有机质和其他营养成分，养分含量多而平衡，保肥能力强，有良好的缓冲性等。

（3）生物学指标　生物活性强，土壤呼吸强度和土壤纤维分解强度强，土壤酶促反应活跃，微生物数量多，含有大量土壤自生固氮菌、钾细菌、磷细菌，土壤蚯蚓数量多，有益微生物对茶树病原体有较强抑制作用等。

（4）土壤有害重金属含量指标　根据农业部颁布的《无公害食品茶叶产地环境条件》NY 5020-2001规定茶园土壤中6种有害重金属含量，这是无公害茶园中土壤环境质量标准。

各项指标中，茶园土壤环境质量标准是强制性的指标，即有害重金属含量必须达到规定标准的要求，而物理、化学和生物学指标都是参考性指标。在优质高产茶园土壤管理过程中，要随时对土壤理化性质和生物学特征进行定期监测，根据监测结果调整土壤管理技术，不断提高土壤各项肥力指标，从而使茶叶品质不断改善，产量不断增加，生产效益不断提高，达到可持续发展的目标。

1. 茶园间作　茶树具有耐阴、喜温、喜湿、喜漫射光和喜酸性土壤的生物学特性，这是茶园间作的基础。旧时茶园多为丛栽稀植，行株距大、空隙多，逐渐形成了茶园间作的特点。茶园合理间作，不但可以增加茶园经济效益，而且能够提高土壤资源利用率，改良茶园土壤，增加土壤肥力，改善茶园的生物种群，从而改善茶园生态环境，促进茶树良好的生长发育，实现农业可持续发展的需要。

在生产上，茶园间作的种类非常丰富。适宜在幼龄茶园和改造后茶园中间作的主要种类有：绿豆、赤豆、田菁、紫云英、苜蓿、白三叶草、大叶猪屎草等豆科植物，苏丹草、墨西哥玉米、美洲狼尾草和美国饲用甜高粱等高光效牧草。在成龄茶园中，间作物以果树为主，如梨、板栗、桃、青梅、葡萄、李、柿、樱桃、大枣等；还可以间作杉木、乌桕、相思树、合欢树、橡胶、泡桐、银杏、桑等经济树种。因此考虑间作物品种时应掌握以下原则：

①间作物不能与茶树急剧争夺水分、养分。

②能在土壤中积累较多的营养物质，并对形成土壤团粒结构有利。

③能更好地抑制茶园杂草生长。

④间作物不与茶树发生共同的病虫害。例如，芝麻、蓖麻等吸肥力大和高大作物，不太适合间作。禾本科的谷物因为根系强大，

吸肥水能力强，不宜作为间作物。种植需要起垄的甘薯，会严重损害茶树根系，也不应在茶园中间作。

常规种植的茶园，一至二年生茶树可间作豆科作物、高光效牧草等品种；三至四年生茶树由于根系和树冠分布较广，行间中央空隙较小，仅可间作一行，因此不宜种高秆作物；成年茶园间作主要以果树和经济林为主。

2. 茶园地面覆盖　茶园地面覆盖可以起到良好的保水、保肥、保土作用，并且有冬暖夏凉以及抑制杂草丛生等功效。地面覆盖分生物覆盖和人工覆盖两种。

（1）生物覆盖　是利用生草（物）栽培，即对某种作物不进行任何方法的中耕除草，而使园地全面长草或种草，并在其生长期间刈割数次，铺盖行间和作物根部，或者将刈割的草做成堆肥、厩肥，也可作为饲料开展园区放牧。生物覆盖是我国一项传统栽培技术措施，历史悠久，已被世界各国广泛应用。茶园生物覆盖可以防止水土冲刷，调节土壤温度，保蓄土壤水分，提高土壤肥力，促进根系分布，还可以节约劳动力。

幼龄茶园最为适合生草栽培，尤其是新开辟的茶园，可以有计划地选择两三种适应性较强的草种搭配种植。常用的草种，豆科植物有白三叶草、红三叶草、苜蓿、圆叶决明、羽叶决明、黄花羽扇豆、新昌苕子等；禾本科植物有平托花生、百喜草、梯牧草、菰草等。由于草种在各地具有不同的适应性，因此，目前各地使用的草种并不相同。

（2）人工覆盖　人工覆盖的方式有铺草、铺泥炭及覆地膜等，其中以铺草最为常用，综合效应最好，也是茶区传统的高效栽培技术之一，特点是简单易行、功效显著，且不受气候、地域限制，对保持水分、提高土壤肥力、调节土壤温度等具有良好的作用。然而在草源缺乏的地区，采用铺草技术有一定困难，对此，可用其他材料来代替，包括用各种地膜。茶园采用地膜覆盖，同样可以调节土壤温度，促进春季茶芽早发，预防冬季寒冻灾害，提高旱季保水抗旱能力。同时，还能防除杂草，防止雨滴直接打击地面，避免土壤侵蚀和养分的淋失等。

3. 改良土壤有机质贫化　土壤有机质含量是土壤肥力的重要指标，是制约茶园茶叶质量、产量、效益的主要因素。有机质含量较低的茶园土壤，可从以下几个方面进行改良。

（1）增施有机肥　茶园大量增施有机肥，可以为茶园提供外源有机质，施用数量和土壤有机质提高速度成正比。新垦幼龄茶园结合深耕施足底肥，对改善茶园开垦时的有机质积累和消解平衡关系有特别重要的意义。其效果可以持续很多年，对以后茶园有机质的自身积累也有积极的影响。如果施一些纤维素含量高的有机肥，则效果更好。

（2）土壤覆盖，防止表土冲刷　茶园土壤有机质含量的剖面特征是表土层>心土层>底土层，以表土层的含量最高。保持深厚的耕作层对提高茶园全土层有机质含量十分重要。新垦的幼龄茶园由于茶树覆盖度小，土壤裸露，表土冲刷严重，造成大量的有机质损失。因此，必须采取有效的措施对冲刷严重的茶园进行土壤覆盖，例如生草覆盖，一方面能够保住表土和有机质，另一方面生草腐烂后也可以增加土壤有机质，促进土壤有机质的积累。

（3）平衡施肥　在正常的管理下，茶树成龄后，随着茶树生长和凋落物的增加，土壤有机质的含量逐步提高。茶树生长越好，叶层越厚，凋落物越多，土壤有机质的积累越快。而茶树生长状况在一定程度上又取决于土壤矿质营养水平和平衡状况。茶园合理增施矿质肥料和平衡施肥，既可以不断提高土壤矿质营养水平，又能够平衡各种营养元素的关系，促进茶树生长，增加茶丛叶层厚度，这不仅能够大大提高茶叶产量，也可以提高茶树凋落物的数量。因此，合理增施复合肥可以促进茶园由无机向有机方向转化。由于茶树具有落叶回园的作用，茶园土壤的物质循环特点不同于普通大田作物，即使长期使用化肥，土壤有机质的积累仍较为缓慢。

（4）建立生态立体茶园 例如，茶园周边植树造林，茶园中栽种行道树，梯边、路边、塘边种草种绿肥及茶园中间种冬夏绿肥和茶园套种橡胶、果树、桑树等，可以改善生态环境，防止水土流失，为茶园积累更多的有机质。如果在茶园套种豆科作物，则效果更好。

（5）茶园周期性修剪，枝叶还园 根据茶园实际情况，对茶树进行周期性修剪是建立高光效茶丛的重要技术措施。

4. 改良土壤酸化 土壤酸化即茶园土壤有呈酸化的趋势，土壤酸化的改良可以通过增加有机质、平衡施用营养元素、施用 pH 调节物等措施实现。

（1）增施有机肥 有机肥，特别是一些厩肥、堆肥和土杂肥等，通常都呈中性或微碱性反应，可以有效中和茶园土壤中的游离酸。同时，各种有机肥含有非常丰富的钙、镁、钠、钾等元素，能够补充茶园盐基物质淋失而造成的不足，具有缓解土壤酸化的效果。另外，有机肥中的各种有机酸及其盐所形成的络合物胶体，具有很高的吸附性和阳离子交换量，可以很大程度地缓解茶园土壤酸化。因此，增施有机肥，提高土壤有机质含量可以大大缓解土壤酸化进程。

（2）调整施肥结构，防止营养元素平衡失调 化肥可以迅速改变茶园土壤营养含量水平，如果施肥不平衡，会导致土壤营养元素不平衡，土壤反应条件恶化。片面地单独长期施用酸性肥、生理酸性肥或铵态氮肥等都会使土壤酸化。因此，在茶园施肥中不能只施氮肥，而应合理配合施用氮、磷、钾及中量元素和微量元素，单一肥料品种也不能长期施用。可以根据茶树吸肥特性和土壤特点，将几种肥料复配成针对性强的茶树专用肥，以平衡土壤营养条件，防止土壤酸化的作用，达到良好的施用效果。

（3）增施白云石粉调整土壤 pH 白云石是碳酸钙和碳酸镁的混合矿物，可以改良土壤 pH 4.5 以下的茶园土壤。各地白云石钙和镁的含量各不相同，通常含镁量都在 15% 以上，它不仅可以中和土壤的酸度，还能够增加土壤盐基交换量，尤其是镁的含量，有效防止土壤酸化而引起的缺镁症。对于因长期施氮和钾肥而引起缺镁的茶园，白云石粉不仅是土壤改良剂，也是茶园重要的含镁肥料。施用方法一般有面施和沟施两种：面施是把白云石粉粉碎通过 100 目筛，在茶树地上部生长结束后撒施在茶园行间，每公顷茶园施 375 ～ 750kg，然后结合耕作翻入茶园，一年一次或隔年一次，待茶园 pH 达到 5.5 后停止施用。沟施是将通过 100 目的白云石粉配合基肥一起施入。为了防止白云石引起基肥中氮的挥发，施白云石粉必须在施基肥后进行，拌匀后立即盖土。待施肥沟中的 pH 上升到 5.5 以后即停止施用。

5. 治理茶园土壤污染　茶园土壤污染是指因某种原因进入土壤中的有毒、有害物质超出土壤自净能力，严重时会导致土壤物理、化学及生物学性质的逐渐恶化变质。有害金属污染、农药污染和肥料污染等是当前土壤污染较突出的问题。根据污染原因的不同，茶园土壤污染的治理工作主要从控制污染源、改善茶园生态环境和不同的修复措施三方面开展。

（1）控制污染源　加强治理工业"三废"，查清茶区的重金属背景，对症下药，逐步解决。选择肥料应遵照各种无公害茶园的生产规模和用肥标准（表 3-1）进行，做到安全合理施肥，并控制肥料中可能存在的有害污染物质掺杂。

表 3-1　无公害茶园施用有机肥料污染物质允许含量

项目	浓度限值（mg/kg）
砷	≤30
汞	≤5
镉	≤3
铬	≤70

对茶树病虫害，应重点抓农业防治，加强生物防治，尽量减少

化学农药的用量和用药次数。必须进行化学防治时，要选用低毒农药，改进喷施技术，以减少农药对土壤的污染。

（2）改善茶园生态环境 新建茶园应首先考虑产地环境条件，选择远离城市、工矿等污染源的位置，并在茶园周边种植防护林、隔离林和行道树，改善茶园生态条件，防止污浊空气向茶园中飘移，减少大气沉降物对茶园的污染。对于接近城市、工厂、矿山的茶园，植树造林更是茶园基本建设的重要内容，可以有效防止废弃物的污染。

（3）修复措施 针对一些农药、重金属污染严重的土壤，可以采用植物、化学和工程等措施进行修复。

①植物修复。在受重金属污染的土地上栽种超富集植物等特殊植物，通过植物的根系将土壤中的重金属吸出来，然后收获植物的地上部，对植物进行焚烧或提炼，进行二次利用。例如，香草、百喜草、肥田萝卜草等作物根系对铅、镉有很强的富集能力，经过多次间作富集，可逐步修复受污染土壤。

②化学修复。选择一些化学改良剂，改变土壤反应条件，或选择某些化合物与重金属元素起化学反应，钝化污染元素在土壤中的活性，降低茶树对污染元素的吸收。例如，硫酸亚铁可钝化土壤中砷的活性，白云石粉可钝化土壤中铅的活性，磷肥可钝化土壤中汞的活性。在化学修复过程中，需要注意避免造成土壤的二次污染。

③工程修复。其主要措施是客土和换土。客土是用一些肥力较高而没有受到污染的土壤将受污染的土壤稀释。换土是把受污染的土壤全部挖掉、移走，移进没有污染的土壤，是比较彻底的一种修复方法。但这类措施的工作量很大，费时费工，成本较高。

第四节　茶园水肥管理技术

一、水分管理

水是构成茶树机体的主要成分，也是各种生理活动所必需的溶剂，是生命现象和代谢的基础。茶树水分不足或过多，代谢过程受阻，都会给各种生命活动过程造成不良影响，进而导致茶叶产量和质量的降低。因此，有效地进行茶园水分管理是实现"高产、优质、高效"的关键技术之一。

茶树需水包括生理需水和生态需水。生理需水是指茶树生命活动中的各种生理活动直接所需的水分；生态需水是指茶树生长发育创造良好的生态环境所需的水分。茶园水分管理，是指为维持茶树体内正常的水分代谢，促进其良好的生长发育，而运用栽培手段对生态环境中的水分因子进行改善。在茶园水分循环中，茶园水分别来自降水、地下水的上升及人工灌溉三条途径。而茶园失水的主要渠道是地表蒸发、茶树吸水（主要用于蒸腾作用）、排水、径流和地下水外渗（图3-3）。

1. 茶园保水　由于我国绝大部分茶区都存在明显的干旱缺水期和降雨集中期，加上茶树多种植在山坡上，灌溉条件不利，且未封行茶园水土流失的现象较严重，因而保水工作显得非常重要。据研究，我国大多数茶区的年降水量一般多为1500~2000mm，而茶树全

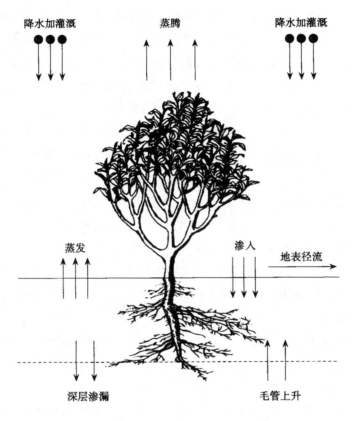

降水加灌溉

蒸腾

降水加灌溉

蒸发

渗入

地表径流

深层渗漏

毛管上升

图 3-3　茶园主要水分循环途径示意图

年耗水最大量为 1300mm，可见，只要将茶园本身的保蓄水工作做好，积蓄雨季的剩余水分为旱季所用，就可以基本满足茶树的生长需要。茶园保水工作可归纳为两大类：一是扩大茶园土壤蓄纳雨水能力；二是控制土壤水分的散失。

（1）扩大土壤蓄水能力　土壤不同，保蓄水能力也不相同，或者说有效水含量不一样，黏土和壤土的有效水范围大，沙土最小。建园时应选择相宜的土类，并注意有效土层的厚度和坡度等，为今后的茶园保水工作提供良好的前提条件。

但凡可以加深有效土层厚度、改良土壤质地的措施，如深耕、加客土、增施有机肥等，都能够显著提高茶园的保水蓄水能力。

在坡地茶园上方和园内加设截水横沟，并做成竹节沟形式，能够有效地拦截地面径流，雨水蓄积在沟内，再缓缓渗入土壤中，是茶园蓄水的有效方式。另外新建茶园采取水平梯田式，山坡坡段较长时适当加设蓄水池，也可以扩大茶园蓄水能力。

（2）控制土壤水分的散失　地面覆盖是减少茶园土壤水分散失的有效办法，最常用的是茶园铺草，可减少土壤水分蒸发。

茶园承受降雨的流失量与茶树种植的形式和密度关系密切。一般是条列式小于丛式，双条或多条植小于单条植，密植小于稀植；横坡种植的茶行小于顺坡种植的茶行。幼龄茶园和行距过宽、地面裸露度大的成龄茶园，流失情况特别严重。

①合理间作。尽管茶园间作物本身要消耗一部分土壤水，但是相对于裸露地面，仍然可以不同程度地减少水土流失，坡度越大作用越显著。

②耕锄保水。在雨后土壤湿润、表土宜耕的情况下，及时进行中耕除草，不仅可以免除杂草对水分的消耗，而且能够有效地减少土壤水的直接蒸散。

③在茶园附近，特别是坡地茶园的上方适当栽植行道树、水土保持林，园内栽遮阳树，不仅可以涵养水源，而且能够有效地增加空气湿度，降低自然风速，减少日光直射时间，从而减弱地面蒸发。

此外，也应该合理运用其他管理措施。例如，适当修剪一部分枝叶以减少茶树蒸腾；通过定型和整形修剪，迅速扩大茶树树冠对地面的覆盖度，不仅可以减少杂草和地面蒸散耗水，而且能够有效地阻止地面径流；施用农家有机肥，可以有效改善茶园土壤结构，提高土壤的保水蓄水能力。

2. 茶园灌溉　茶园灌溉是有效提高茶叶产量、改善茶叶品质的生产措施之一，关键在于选择合适的灌溉方式和时期。用于茶园灌溉的水质应符合灌溉用水的基本要求。

灌溉可以改善土壤条件和茶园小气候，达到增加产量、提高品质的目的。对茶树而言，"有收无收"在于水，旱季的"收多收少"也受制于水。实践证明，灌溉是茶叶大幅度增产的一项重要措施。例如，浙江余姚茶场，对持续干旱13天的茶园进行喷灌，可比对照组增产14.3%；对持续干旱78天的茶园灌溉，可增产136%。灌溉对茶叶品质改善也非常明显。据测定，灌溉区与不灌溉区相比，茶叶氨基酸增加16.4%，茶多酚增加15.6%，纤维素下降4.9%。

为充分发挥灌溉效果，做到适时灌溉十分重要。所谓适时，就是要在茶树尚未出现因缺水而受害的症状时，即土壤水分减少至适宜范围的下限附近，就补充水分。判断茶树的灌溉适期，一般有三种方法：一是观察天气状况。依当地的气候条件，连续一段时间干旱，伴随高温时要注意及时补给水分。二是测定土壤含水量。茶园土壤含水量大小能够反映出土壤中可为茶树利用水分的多少。在茶树生长季节，一般当茶树根系密集层土壤田间持水量为90%左右时，茶树生育旺盛，下降到60%~70%时，生育受阻，低于70%，叶细胞开始产生质壁分离，茶树新梢就受到旱害。因此，在茶树根系较集中的土层田间持水量接近70%时，茶园应灌溉补水。三是测定茶树水分生理指标。茶树水分生理指标是植株水分状况的一些生理性状，例如芽叶细胞液浓度和细胞水势等。在不同的土壤温度与气候条件下，水分生理指标可以客观地反映出茶树体内水分供应状况。新梢芽叶细胞液浓度在8%以下时，土壤水分供应正常，茶树生育旺盛；细胞液浓度接近或达到10%时，表明土壤开始缺水，需要进行灌溉。

茶园灌溉方式的选择，必须充分考虑合理利用当地水资源、满足茶树生长发育对水分的要求、提高灌溉效果等因素。

（1）浇灌　浇灌是一种最原始、劳动强度最大的给水方式，不适宜大面积采用，可在没有修建其他灌水设施、临时抗旱时使用。

（2）自流灌溉　茶园自流灌溉系统通常分为提水设备和渠道网

两个部分。前者包括动力和水泵，后者由干渠和支渠组成。水经干渠流入茶园，再经支渠灌入每块茶地。为了便于灌溉，支渠最好与茶行垂直。流灌一次可以彻底解除土壤干旱，但水的有效利用系数低，灌溉均匀度差，容易导致水土流失，而且渠道网占地面积较大，影响耕地利用率。

茶园自流灌溉的方法主要有两种：一种通过开沟将支渠里的水控制一定的流量，分道引入茶园，称为沟灌法。开沟的部位和深度与追肥沟基本上一致，这样可以使流水较集中地渗透在整个茶行根际部位的土层内。灌水完毕后，应及时将灌水沟覆土填平。另一种是漫灌法。即在茶园放入较大流量的水，任其在整个茶园面上流灌。漫灌用水量较多，只适宜在比较平坦的茶园里进行。

对茶园进行灌溉，应根据不同地势条件掌握一定的流量。过大的流量容易造成流失和冲刷；过小的流量则要耗费很长的灌溉时间。一般说来，坡度越大，采用的流量必须相应减小。一般沟灌时采用每小时 $4 \sim 7m^3$ 的流量较为适合。

（3）喷灌 喷灌类似自然降雨，是通过喷灌设备将水喷射到空中，然后落入茶园。主要优点有：可以使水绝大部分均匀地透入耕作层，避免地面流失；水通过喷射装置形成雾状雨点，既不破坏土壤结构，又能改变茶园的小气候，提高产量和品质。同时可以节约劳动力，少占耕地，保持水土，扩大灌溉面积。但喷灌也有一些局限性，如风力在 3 级以上时水滴被吹走，大大降低灌水均匀度；一次性灌水强度较大时往往存在表面湿润较多，深层湿润不足问题，并且，喷灌设备需要较高的投资。

（4）滴灌 滴灌是利用一套低压管道系统，将水引入埋在茶行间土壤中（或置于地表）的毛管（最后一级输水管），再经毛管上的吐水孔（或滴头）慢慢（或滴）入根际土壤，以补充土壤水分的不足。滴灌的优点是：用水经济，保持土壤结构；通气好，有利于土壤好气性微生物的繁殖，促进肥料分解，以利用茶树的吸收；减少水分的表面蒸发，适用于水源缺乏的干旱地区。缺点是：材料多、投资大，滴头和毛管容易堵塞，田间管理工作比较困难。

各种茶园灌溉的方式互有优缺点，具体选择何种方式，必须以经济适用为原则，因地制宜。对茶园来说，喷灌效果最为理想。但地势平坦的茶园修建滴灌系统，也有其独特的优点。因此，有条件的地方可配合采用不同的给水方式，以创造更有利于茶树生长发育的生态环境。

3. 茶园排水　水分超过茶园田间持水量，对茶树生长百害而无一益，必须进行排出。容易发生湿害的茶园，更要因地制宜地做好排湿工作。开沟排水，降低地下水位是排湿的根本方式。茶园排水还必须结合大范围的水土保持工作，被排出茶园的水应尽可能收集引入塘、坝、库中，以备旱时再利用或供其他农田灌溉以及养殖业用。

二、茶园施肥

茶树在整个生命周期的各个生育阶段，为保持自身正常的生长发育，总是有规律地从土壤中吸收矿质营养。采下的鲜叶中含有一定数量的营养元素，茶园土壤中各种营养元素的含量非常有限，并且彼此间的比例也不平衡，无法完全满足茶树在不同生长发育时期对营养元素的要求。因此，人们在栽培茶树的过程中，为满足茶树的生长发育所需，必须根据茶树营养特点、需肥规律、土壤供肥性能与肥料效应，运用科学施肥技术进行茶园施肥，以促进茶树新梢的正常生长。合理施肥，可以最大限度地发挥施肥效应，改良土壤，提高土壤肥力，满足茶树生长发育的需要，并提高鲜叶中的有效成分含量。

构成茶树有机体的元素有 40 多种，碳（C）、氢（H）、氧（O）、氮（N）、磷（P）、钾（K）、钙（Ca）、镁（Mg）、硫（S）、氯（Cl）、锰（Mn）、铁（Fe）、锌（Zn）、铜（Cu）、钼（Mo）和

硼（B）等元素是茶树从环境中获取的必需营养元素。空气和水提供了大部分的碳、氢、氧元素，而其他元素则主要来自土壤。另外，铝（Al）和氟（F）在茶树体内含量较高，但不是茶树生长的必需元素，氯在一般植物中是必需元素，但氯对茶树的生育作用尚不清楚，其需要量甚微，因缺氯而造成减产的现象也未在生产上发现，而在一些地方却出现施氯造成氯害的情况。

按照植物生长对养分需求量的多少，将必需营养元素分为大量元素和微量元素。在茶叶中含量较多的矿质营养，如氮、磷、钾、硫、镁、钙等，通常为千分之几到百分之几，称为大量元素，它们一般直接参与组成生命物质如蛋白质、核酸、酶、叶绿素等，并且在生物代谢过程和能量转换中发挥重要的作用；铁、锰、锌、硼、铜、钼等在茶树体内含量较低，仅仅百万分之几到十万分之几，茶树生长对它们的需要量也较少，称为微量元素。氮、磷、钾三种元素由于在矿质元素中的含量多、作用大，并且土壤供应常常不足，因而被称为"茶树生长三要素"。

为补充因茶叶采摘带走的养分，保持土壤肥力，创造营养元素的合理循环和平衡，人们有意识地施入某些营养物质，保证茶树良好的生长发育，以不断提高茶园产量、茶叶品质和经济效益，这就是茶园施肥。为使茶园施肥发挥最大的效应，施肥必须遵循经济、合理、科学的原则，因时、因地、因茶树的不同品种和生育期，采用适时、适量、适当的科学施肥方法。

1. 茶园主要肥料种类和特点

（1）有机肥料　主要有饼肥、厩肥、人粪尿、海肥、堆肥、腐殖酸类肥和绿肥等。

（2）无机肥料　又称化学肥料，按其所含养分分为氮素肥料、磷素肥料、钾素肥料、复混肥料和微量元素肥料等。

（3）生物肥料　生物肥料是既含有作物所需的营养元素，又含有微生物的制品，是生物、有机、无机的结合体。它可以代替化肥，提供农作物生长发育所需的各类营养元素。目前，茶园微生物肥料归纳起来大致有三种类型：一是茶园生物活性有机肥，它不仅含有茶树必需的营养元素，而且含有能够改良土壤物理性质的多种有机物，以及可增强土壤生物活性的有益微生物体。生物活性有机肥是一种既提供茶树营养元素，又能改良土壤综合性多功能肥料。二是有益菌类与有机质混合而成的生物复合肥，称微生物菌肥。常用的微生物包括固氮菌、固氮螺菌、磷酸盐溶解微生物制剂和硅酸盐细菌。三是微生物液体制剂。目前，广谱肥料是茶园施用的主要微生物肥料，专用肥料很少。生物肥料的施用可改善土壤肥力，抑制病原菌活性，不会污染环境，并且使用成本低于化肥，既可用作基肥，又可用作追肥施用。

2. 茶园施肥量确定

（1）三要素的配合比例和用量　不管从栽培、制茶角度还是从产量、质量角度来说，采用氮、磷、钾配施非常必要。生产上如何确定三要素比例用量是件复杂的事。从化学角度分析，茶树新梢全年平均，其氮、磷、钾自然含量的比例为 $4.5:0.8:1.2$，即每采收 100kg 干茶要从茶树体内带走 4.5kg 氮、0.8kg 磷和 1.2kg 钾。实际上，生产上为茶树提供的养料应比采摘而带走的量要多得多，原因是茶树正常的生育、枝叶的修剪、土壤的淋溶都会造成养分的损耗。茶树通常对肥料的吸收率为氮肥 20%～50%，磷肥 3%～25%，钾肥 20%～45%，具体吸收能力因土壤性质和茶树长势等不同。

确定施肥量是科学施肥和经济用肥的重要内容，"以产定氮，以氮定磷、钾，其他营养元素因缺补缺"是目前常采用的办法。通常幼龄茶园按年龄和长势，成龄茶园按产量指标。根据各地经验和田间试验结果，每生产 100kg 干茶需要施用 12～15kg 的氮素。在氮素用量确定后，根据适宜茶树生长的氮（N）、磷（P_2O_5）、钾（K_2O）比例确定磷和钾的用量。根据田间试验，目前认为氮（N）、磷（P_2O_5）、钾（KO_2）的最佳配比为（4～2）:1:（1～2），实际生产中根据对土壤和茶树植株磷、钾的测度结果进行调整，假如土壤严重缺磷，则增加磷的比例。硫、镁等其他营养元素，则根据土壤分析结果，在缺乏时适量施用。生产上决定三要素的配合比例后，通常根据树龄、产量指标决定肥料用量，然后选择肥料种类制订出全年的施肥计划。

（2）基肥用量　当年茶树停止采摘后施入的肥料称为基肥。茶园基肥宜采用各类有机肥，如堆肥、厩肥、饼肥等，掺和一部分磷、钾肥或低氮的三元复合肥，做到取长补短，既能够提供足够的、能缓慢分解的营养物质，又可以改良茶园土壤的理化性质，提高土壤保肥供肥能力。

幼龄茶园的基肥年施用量为每公顷施 15～30t 堆、厩肥，或1.5～2.25t 饼肥，配合 225～375kg 过磷酸钙和 112.5～150kg 硫酸钾。生产茶园按计量施肥法，基肥中氮肥的用量为全年用量的 30%～40%，而磷肥和微量元素肥料可全部作为基肥施用，钾、镁肥等在用量不大时可做基肥一次施用，配合厩肥、饼肥、复合肥和茶树专用肥等施入茶园。

（3）追肥用量　在茶树地上部生长期间施用的肥料统称为茶园追肥。施用目的主要是不断补充茶树矿质营养，进一步促进茶树生长，获得持续高产的效果。由于茶树生长期间吸收能力较强，需肥量较大，对氮素的要求尤为迫切，因此目前茶园追肥以施速效性氮肥为主，并根据土壤和茶树类型的不同，在必要的情况下，适当配合磷、钾肥及微量元素肥。生产茶园氮肥用量按产量指标计算，通常按基肥、追肥各占年全氮总量的 40% 和 60% 的比例分配。

确定追肥施用量后，就应考虑分几次施用，每次追肥多少数量才合理，通常与气候条件、采摘制度和肥料施用量有关。在一年三次追肥情况下，春、夏、秋三季可按照 4：3：3 或 5：2.5：2.5 的比例进行分配。水热资源丰富的南方茶区，由于茶树生长期长、茶芽萌发轮次多，夏秋虽有伏旱而具有喷灌条件的，因此可适当提高夏秋茶追肥的比例，可按照 4：2：2：2（四次）或 3：2：2：2：1（五次）进行分配。另外，施肥次数不能过多，过多会造成肥料太过分散，容易在每轮新梢生长的高峰期发生缺肥症状，并且导致施肥用工量增加。

3. 茶园施肥时期与方法

（1）施肥时期　由于气候条件不同，茶树生长期长短不一，因而各地基肥的施用时期也有所不同。但总的原则是宜早不宜迟，一般在茶树地上部生长停止后立即进行。长江中下游茶区及云贵高原部分茶区基肥在 10 月中下旬至 11 月上旬施用，不宜超过 11 月。原则上基肥与茶园深耕配合进行（或仅开沟施肥而不深耕），在秋茶采摘结束立即施下，以更好地起到营养树体、促进越冬芽分化发育的作用。此外，基肥宜早是为了掌握在根系秋季活动高峰期之前施入，以利于茶根生长抗旱和越冬。

为避免茶树生长过程中养分脱节，追肥施用必须适时。具体时期主要以茶芽发育的物候期为依据。第一次追肥称为催芽肥，施用日期因各地气候、地势、土壤、品种特性等的差异而不同。具体要看越冬芽生长发育情况，早则在越冬芽萌动即鳞片初展时，迟则在鱼叶开展期。通常在红、绿茶区，当选用硫酸铵做追肥时，催芽肥施用时期通常在开采前 15~20 天施下为宜。长江中下游茶区茶树越冬芽大多在 3 月中下旬萌发，催芽肥的施入应掌握在新芽开始萌动、新根已经长出的时机，才能充分被茶树吸收，起到催芽肥的作用。在春茶采摘的高峰期过后，进行第二次追肥。同样，在夏茶采摘高峰期后第三次追肥。假如气候温暖，雨水丰富，茶树生长期长，则还要进行第四次、第五次追肥，甚至更多。

在确定各地具体的追肥适期时，还要灵活掌握，因地制宜。例如，早芽种应早施，中迟芽种应迟施；阳坡茶园应早施，阴坡茶园应迟施；平地缓坡地应早施，高山茶园应迟施；沙土茶园应早施，黏土茶园应迟施；尿素、复合肥应早施，硫酸铵、碳酸氢铵适当迟施。另外，安徽、福建等省夏茶后 7、8 月正值旱热时期，高温干旱对追肥效果影响很大，因此不适宜施肥。

（2）施肥方法　不管是基肥还是追肥，施肥的方法正如农谚所说的"施肥一大片，不如一点一线"。对成龄条栽茶园要开沟条施，丛栽的要采取弧形施或环形施，没有形成蓬面的幼龄茶树则要按丛进行穴施。总体来说，施肥位置要求相对集中。

成龄采摘茶园的具体施肥位置通常以茶丛蓬面边缘垂直向下为宜。幼龄茶树施肥穴（沟）与根茎应保持一定距离，一至二年生茶苗为 6~10cm，三至四年生的幼树为 10~15cm。平地茶园在一边或两边施肥，坡地茶园或梯级茶园，应在茶行的上方开沟施肥，以免肥料流失。

基肥的施肥深度要深，成龄采摘茶园一般 25~30cm，一至二年生幼树一般 15~20cm，三至四年生幼树一般 20~25cm；追肥深度应根据肥料性质决定，硫酸铵、硝酸铵等浅施 5~6cm 即可，容易挥发的氨水、碳酸氢铵等肥料要适当深施，尿素、复合肥也应深施，深度通常在 10cm 左右，并随施随盖土。磷、钾肥的施肥深度与基肥相同。

密植速成茶园因种植密度过大而无法开沟追肥，只能将肥料撒在茶丛蓬面上，然后抖动蓬面，使肥料掉落在蓬面覆盖下的土壤表层。有条件的地区，可在施肥的同时进行喷灌；无喷灌条件的茶园可在雨后有墒情时施用。为了不引起肥害而出现叶片灼伤现象，追肥应选择露水干的时候进行。

（3）底肥的施用　底肥指开辟新茶园或改植换种时施入的肥料，主要作用是增加茶园土壤有机质，改良土壤理化性质，促进土壤熟化，提高土壤肥力，为以后茶园优质高效创造良好的土壤条件。施用时应选择改土性能良好的有机肥，如纤维素含量高的绿肥、秸秆、草肥、饼肥、堆肥、厩肥等，同时配施钙镁磷肥、磷矿粉或过磷酸钙等化肥，而不宜采用速效化肥。

为促进深层土壤熟化，诱发茶树根系向深层发展，底肥要开沟分层施用，开沟时表土、深土分开，沟深40~50cm，沟底再松土深15~20cm，按层施肥，先填表土，每层土肥混匀后再施上一层，使土肥相融。

　　4. 茶树叶面施肥　除了依靠根部吸收矿质元素，茶树叶片还可以吸收吸附在叶片表面的矿质营养。茶树叶片吸收养分有两种途径：一种是通过叶片表面角质层化合物分子间隙向内渗透，进入叶片细胞；另一种是通过叶片的气孔进入叶片内部。叶面施肥用量少，养分利用率高，施肥效益好。同时，不受土壤对养分淋溶、固定、转化的影响，有利于施用容易被土壤固定的微量元素肥料。

　　叶面追肥的施用浓度非常重要，浓度太高容易灼伤叶片，浓度太低则无效果。为方便机械化管理，叶面追肥还可同治虫、喷灌等结合，既经济又节约劳动力。几种叶面肥混合施用，应注意只有化学性质相同的（酸性或碱性）才能配合。叶面施肥与农药配合施用时，也只能酸性肥配酸性农药，不然就会影响肥效或药效。采摘茶园叶面追肥的肥液量，通常为每公顷750~1500kg，并在喷湿茶丛叶片的前提下，随覆盖度的大小增加或减少。茶叶正面蜡质层较厚，而背面蜡质层薄，气孔多，一般比正面吸收能力高5倍左右，因此以喷洒在叶背为主。喷施微量元素及植物生长调节剂，通常每季仅喷1~2次，在芽初展时喷施较好；而大量元素等可每7~10天喷一次。由于早上有露水，中午有烈日，喷洒时容易改变浓度，因此最好在晴天傍晚或阴天喷施，下雨和刮大风天气不能进行喷施。目前，在茶树上使用的叶面追肥品种繁多，作用各异，主要有：大量元素、微量元素、稀土元素、有机液肥、生物菌肥、生长调节剂以及专门型和广谱型叶面营养物。具体使用可根据土壤测定和茶树营养诊断，遵循"按缺补缺、按需补需"的选择原则。

第五节 低产茶园的改造

实现茶园高产优质是茶树栽培的主要目的。无论环境如何优越、栽培管理如何科学的茶园，其茶树都会随着生育年龄的增长而逐渐衰老，产量降低，成为低产茶园。

由于低产茶园的面积占采叶茶园面积的比例很大，因此，改变低产茶园的面貌，提高低产茶园的单位面积产量，是茶叶增产的重要途径。

一、改造措施

低产茶园形成的原因是多方面的，或因采摘不合理，忽视采养结合，使树势矮小或未老先衰；或因园地坡度较大，水土流失，造成土层贫瘠，茶蔸裸露；或因树龄较大、树势衰老，零星分散，缺蔸严重。由于低产的成因和程度不同、茶树树龄树势不同、所处地形地势不同等原因，在低产茶园规划改造时要遵循因地因园制宜的原则，采用不同措施，最终使低产茶园恢复生产力。低产茶园改造技术，主要包括改造园相、改造树冠、改良土壤等几方面。

1. 改造园相　改造园相包括园地布局调整与茶树群体结构改造两方面。

（1）园地布局调整　由于许多低产茶园存在道路、水利和林带缺乏统一规划或设置不合理等现象，因而需要进行布局调整，目的是便于茶园管理，提高茶园水土保持能力，创造适于茶树生长发育和高产优质的生态环境。

（2）茶树群体结构改造　丛载茶园、缺丛和断行多的条列式茶园、茶树覆盖度低等茶树群体结构不合理的低产茶园，应该因园、因树调整群体结构。对于丛栽茶园，如果没有固定株行距，并且行向排列不合理，适宜重新规划改植换种。对于缺丛断行明显但树龄尚不大的低产茶园，可以修剪改造原有茶树树冠，同时用足龄大苗或者采用同龄同品种的其他地块的茶树补缺，使其完整。实践表明，茶园补植是较困难的，要注意三点：浅耕除草时不能挖断茶苗；深耕时不能松动茶苗；夏秋干旱时要进行浇水、铺草、保苗。

2. 改造树冠　改造树冠是改造茶树地上部长势衰弱的枝条、结构不良的枝系（即分枝系统）或枝群（树冠上同一层次的枝条的总称），提高其生理机能，恢复树势，重新塑造优质高产型树冠。低产茶园茶树树冠的特征：有的"鸡爪"枝多，枝叶不茂盛；有的树体过高，分枝级数太多，新梢瘦弱成为"高脚茶蓬"；有的枝条生长参差不齐，存在明显的"两层楼"现象；有的树体过于矮小成"塌地茶蓬"，多病虫枝、细弱枝，育芽能力差等。具体应针对茶树树冠衰败的程度进行改造，方法可参照本书第四章。

3. 改良土壤　土壤改良的目的是创造良好的土壤条件，让茶树根系得到充分的生长发育。具体包括加深有效土层、提高土壤肥力和改良土壤结构三方面。

（1）加深有效土层　加深有效土层是茶叶以及其他所有农作物增产、增质的一种最有效途径。深耕改土、客土培园是目前实现加深有效土层的两种有效途径。

①深耕改土。对全土层较厚而有效土层浅薄的茶园土壤，可于行间采用深耕 50cm 以上，或开宽约 80cm、深 50cm 以上的深沟，施入有机肥。假如上下土层黏沙性质差异大，可以将深耕、增肥和改良土壤结构结合起来。由于低产茶园的茶树根系通常生长发育不良，

吸收能力弱，因而深耕改土时应严格控制耕幅或沟宽，以免过度损伤茶根。

茶园土壤有黏盘层、网纹层和砾石层等障碍层时，为便于根系的下扎和土壤水的纵向移动，应结合深耕加以破除或破坏障碍层。打破障碍层的方法有：每隔4行茶树开一条深约80cm的沟，以加速排出上层滞水，消除湿害。因茶树过密而不宜开沟的茶园，可在茶行间每隔10m开挖深1m、直径30cm的渗水沟，沟中填入稻草或杂草等物。障碍层和其他不利因素太多，已失去改造价值的茶园，应退茶树改作他用。

②客土培园。当障碍层离地表近、表土层浅时，深耕改土不仅工作量大，而且很难改善土壤理化性状，此时针对性地进行客土培园，将茶园周围可以利用的余土，或结合兴修水利，清理沟道的余土、塘泥土等培入茶园，从而收到理想效果。

进行客土培园的时候，要注意土壤的理化性质，不宜用碱性土。最好是在沙性土中培入黏性土、在黏性土中培入沙性土。用大量塘泥培土增肥茶园时，最好在伏天挖取出来，经过暴晒处理再施入茶园。同时，应注意所培客土含有的有害污染物。

（2）提高土壤肥力　茶园土壤养分含量直接关系着茶园鲜叶产量。丘陵红壤低产茶园土壤有机质含量大多在2.0%以下，少数还不足1.0%。低产茶园与丰产茶园相比，土壤的有机质、全氮、全磷、碱解氮、速效磷、速效钾等含量均明显较低。因此低产茶园土壤改良时，应做好养分补充，提高土壤肥力。可以采取增施有机肥、茶园铺草、种植绿肥等措施，增加土壤有机质含量。土壤有机质含量提高以后，其养分供应能力增强的同时，土壤结构也得到改善。

（3）改良土壤结构　协调土壤中固、液、气三相比的关系是改良土壤结构的关键。对于大多数低产茶园，通过适当提高土壤空隙度，增加团粒结构，协调土壤固、液、气三相比，避免液相、固相过大、气相太小，土壤结构可以得到改良。通过增施农家肥、绿肥、厩肥、堆肥、沤肥等有机肥，增加土壤有机质含量，也是改良土壤结构的有效方法。

调整土壤 pH 可以增进茶树根系对养分的吸收利用，显著提高土壤养分的有效性。土壤 pH<4.5 时，应适当施入碱性肥料，不施或少施酸性肥料；土壤 pH>6.0 时，应该多施酸性肥料或生理酸性肥料。

合理控制地下水位也是调整土壤结构的有效措施。地下水位过高的低地茶园，土壤中含有过多的还原性物质，如亚铁离子、硫化氢等。改造这类茶园应设法降低地下水位，增加土壤通透性，不断提高土壤养分的有效性。

二、换种技术

低产茶园换种更新的方式有改植换种和嫁接换种，其中改植换种又包括全面改植换种和新老套种两种方式。

1. 全面改植换种　全面改植换种，即挖掘老茶树，按新茶园建设的标准重新规划设计，布设道路、水利和防护林系统，全面运用深翻或加客土，施足底肥等改土增肥措施，重新种上新的良种茶苗。适用于那些缺株率大、行距不合理、树龄老、品种种性差和园地规划设计不合理的茶园。

进行全面改植换种时，对原来老茶树长期生长造成的异株克生因素应注意消除，包括：

①老茶树积累的有害物质，如不利于新植幼树生长的根系分泌物。操作时，可将原来的老茶树连根拔除，拾尽残留老根，深翻和晒土，并种植 1~2 季绿肥。

②对前期长期大量施用酸性肥料导致酸化严重的土壤，必须采用深耕、施石灰和有机质肥等方式矫正。

③由于长期连作和施用固定的肥料，造成茶树所需的某些养分

缺乏，改植前应予以克服。

2. 新老套种 新老套种，即在老茶树行间套种新茶树，等新茶树成园投产后再挖去老茶树。全面改植换种法虽然改造得最为彻底，但具有重新成园慢、投资大的不足。为不使生产间断，可以采用新老套种的方法。

一般采用新老套种法的茶园为平地或缓坡地，不需进行地形调整；而且老茶树种植规格比较一致，条列式种植，行距为1.5~2.0m。具体步骤是：

（1）处理老茶树 改植换种首先要对老茶树进行重修剪，剪口高度离地面35~40cm。通常在冬末春初进行。

（2）深翻改土 在原来老茶树行间进行深50~60cm、宽80~100cm的深翻改土，切断改植沟内的老茶树根系，沟内施足有机肥。将基肥与土壤充分拌匀，然后在此已深改的土壤上开出种植沟。

（3）定植茶苗 2月份以前种植新茶苗，行距与原来的老茶树相同。假如老茶树行距1.5m，新茶树单行栽植，株（穴）距25cm左右；假如老茶树行距接近2m，则新茶树宜双行栽植，小行距与株（穴）距均为25~30cm。每丛栽1~2株茶苗。定植时需浇足安蔸水。

（4）新老套种后的管理 原有已修剪的老茶树和新植幼树是一个人工组合的新群体，存在对立统一的关系：老茶树的存在一方面为新植茶树提供遮阳适当、减弱光照的作用，另一方面又与新茶树竞争水肥和生长空间。所以必须采取有效的协调措施：

①新植茶树应加强抗旱保苗措施，干旱严重时应浇水保幼树。

②为使新茶树有一个较为开阔的生长空间，同时缓和新老茶树对光、水、肥需求的矛盾，可以通过强采和修剪措施控制老茶树树冠扩展。

③新老茶树同时生长需要大量的土壤养分，应增施肥料，既保证幼树生长，又提高老茶树的产量，更好地发挥新老套种这种更新换种方式的优越性。

④耕作施肥和采摘时需要特别谨慎，以免伤害幼龄茶树根系。幼树在第三次定型修剪前不得任意采摘。

⑤新茶树种植 3~4 年后，可将老茶树一次或分批挖去，但应注意保护新树根系。

3. 嫁接换种　嫁接是低产茶园换种更新的技术，特点是成园早、见效快。嫁接换种是利用原来的老茶树为砧木，借助其原有庞大根系的吸收能力和营养库，使新品种（接穗）新枝生长加快，成园时间显著缩短。与改植换种相比，嫁接换种可提前 3 年成园，1~1.5 年即可收回投资。但茶树嫁接换种的技术性很强，如果技术掌握得当，可以收到良好效果；但如果技术掌握不好，其成活率很低。

（1）准备工作　在进行茶树嫁接前，应做好充分的准备工作。包括：

①遮阳材料。在茶树嫁接之前，必须准备好遮阳材料。如果采用遮阳网遮阳，需事先准备好木桩、竹竿、铁钉、绳子、遮阳网等物，以便嫁接过程中随时搭棚遮盖；如果用山上采集的狼其草进行遮盖，这种材料，各地山上均有生长，使用成本低，而且狼其草干燥后也不会落叶，始终能起到遮盖的作用。

②嫁接工具。茶树嫁接使用的工具主要有台刈剪、整枝剪、手锯、嫁接刀、凿、锄等。台刈剪手柄较长，用来台刈茶树较为省力。整枝剪主要用来剪除 1cm 以下粗度的茎秆，并使切面平整。有些茎秆较粗，不能用整枝剪或台刈剪来剪除的茶树可用手锯进行锯割。嫁接刀应该选用既能切削接穗，又能劈切和撬开砧木的刀具，有一定的强度，不然难以撬开砧木，使接穗顺利插入。有些特别粗的茎秆，无法用刀具撬开砧木，可用凿或其他代用品来辅助完成该项工作。锄头一般用来清理地表杂物、培土等。有条件的种植者，也可用台刈机进行茶树的台刈。

③留养优质的接穗。适合用来嫁接的接穗，最好是经一个生长季的枝条，如果准备在 5 月下旬至 6 月进行嫁接，应该在春茶前对

留穗母本园进行修剪改造，剪去上部细弱枝条，使新抽出的枝条粗壮，春茶期间留养不采，这样留养的接穗质量较好，有较高的嫁接成活率。如果随便剪些漏采的芽叶作为接穗，嫁接成活率很低。打顶可在留养枝条下部开始转变为红棕色、顶端形成驻芽时进行，即将枝条顶端1、2叶嫩梢采下，以促使新生枝条增粗、腋芽膨大，经过1~2周后可剪下嫁接。

（2）嫁接方法　茶树嫁接有两大特点：一是采用低位劈接。将老茶丛离地2cm以上的枝条全部剪去，每根砧木枝条用利刀纵切一刀，切缝应略长于接穗斜楔面长度，砧木特粗大者，宜用切接。每支接穗长3~4cm，要有一个饱满腋芽和一片健壮叶片，削成斜楔形，削面长1~1.5cm。削好后插入已切开的砧木中，插入时必须使接穗靠在砧木切口的一边，两者的形成层应吻合对齐。二是嫁接不捆绑，以培土代绑。即低位劈接后直接把接合处埋入土中，培土高度达接穗叶柄基部，最好留出叶片和腋芽。培土时应一边培土一边用手稍压实，但注意不要引起砧木和接穗移位。嫁接完成后立即浇水湿透土壤，然后进行遮阳覆盖。

嫁接过程中，应做好下面几个技术环节：

①老茶树台刈。将改造茶园的茶树（砧木）在齐地面处剪断或锯断，切勿用力过猛而使茎秆被撕裂。剪截砧木留下的树桩应表面光滑、纹理通直，并及时清理干净茶园杂物。老茶树的台刈，要与嫁接同步进行。一般根据每半天可以完成多少嫁接任务，决定剪砧木多少，不要一下子把一块地的茶树都剪去然后分几天来完成。

②砧木劈切。剪锯后的砧木，有些剪口比较粗糙，需用刀、剪将其削平。根据粗度用劈刀在砧木截面中心或1/3处纵劈一刀，劈口深约2cm。劈切时不要用力过猛，可以把劈刀放在劈口部位，轻轻地敲打刀背。注意不要让劈口内落进泥土。

③接穗切削。接穗的削面要求平直光滑，粗糙不平的削面不易接合紧密，影响成活。

④穗砧插结。用劈接刀前端撬开切口，把接穗轻轻插入，如果接穗削有一侧稍厚，一侧稍薄，则应厚面朝外，薄面向内，使插穗形成层和砧木形成层的一侧对准，然后将劈刀轻轻撤去，使接穗被紧紧夹住。

⑤培土保湿。接穗插入后，在接口处覆上不易板结的细表土，接穗芽、叶露在土层外，以保持接口处湿润，利于伤口愈合抽芽。

⑥浇水遮阳。嫁接过程中要做到及时浇水和遮阳，一般嫁接工作做到哪里，浇水、遮阳工作进行到哪里。培土之后，立即浇水，使穗与新培上的土壤紧密结合。

（3）嫁接后的管理 从嫁接完成到接穗与砧木有机结合并萌发生长所需要的时间，因嫁接季节而有所不同：夏季嫁接仅需 1~1.5 个月，冬季嫁接则需 4~5 个月。这段时间应精细管理，做好遮阳、浇水、保温三项工作。接穗愈合抽生后要控制树高，促进分枝。

①遮阳浇水。遮阳和浇水是夏季嫁接后的主要管理工作。嫁接后立即浇水湿透土壤，用遮阳材料覆盖，避免阳光直晒；以后根据实际天气情况隔 1~2 天浇水一次，保持土壤湿润。冬季嫁接以薄膜覆盖保温为主，嫁接后立即浇水，使土壤湿透，再用薄膜覆盖，至翌年 3 月下旬将覆盖膜移去。

②除草抹芽。嫁接地的杂草生长很快，必须及时拔除。在拔除杂草时注意不要松动接穗。当接穗愈合，开始抽芽时，老茶树的根颈部也会抽生一些不定芽，与接穗争夺水分与养分，因此，在根颈部的枝叶抽生高度达 15cm 左右时，应用手紧握抽生枝叶的基部将其抹除。

③打顶修剪。由于有庞大的根系供给水分和养分，嫁接成活后的茶树的新梢抽生很快，在嫁接 1 个月以后的时间里，日平均生长量几乎达 1cm。为促进茎秆增粗和下部侧枝的生长，在新梢生长超过 40cm 时可进行打顶，采去顶端的 1 芽 1~2 叶。为促使树冠向行间扩大，当年生长超过 50cm 时可在 25cm 高度上进行第一次定型修剪，这一工作可在次年的春梢萌芽前进行。嫁接后的第二年，可在每茶

季的末期进行打顶采，并在当年生长结束时，在第一次剪口上提高20~25cm 再定剪一次，经两次定型修剪，茶树高度达 50cm 左右。根据茶树生长情况，嫁接后的第三年应进行适当留养采摘。

④防风抗冻。愈合后的接穗，芽梢生长速度很快，叶张大，接口容易被外力作用撕裂，应注意风害的侵袭，尤其在有台风发生的地区。嫁接后的当年，枝梢生长超过 40cm 后，可在新抽生的枝梢旁插上台刈茶树的老枝，以支撑新生枝梢。越冬期间，根颈的接口处易受冻害。为防冻保暖，可在根颈部培土，再盖上草料，此法还能抑制次年根颈部不定芽的发生。

气候条件对嫁接的适期和成活率有一定的影响。茶树年生育周期中，如长江中下游茶区的气候条件，11 月至次年 2 月的气温过低，3 月常有倒春寒发生，4 月至 5 月中旬茶叶正处于生长季节，接穗难以采取。因此，嫁接不适合在这段时期进行。该茶区的嫁接适期为 5 月下旬至 9 月。7 月嫁接，接后持续高温、低湿，一方面能促使接口快速愈合，接后抽芽始期缩短；另一方面也容易使接穗因失水过多而枯死。如果受管理条件的限制，可避开 7~8 月的高温干旱季节。接后芽梢抽生初始日，5 月、6 月嫁接约 35 天后，新芽开始生长；7 月嫁接的茶树，接后 25 天就有芽梢抽生，时间最短；9 月嫁接，因 10 月气温降低，芽梢抽生时间推迟，若接穗在 10 月下旬还未抽生，将进入休眠状态，直到来年春季再生长。不同地区进行茶树嫁接适期应结合各地气候条件来确定。

嫁接换种茶园相比改植换种茶园，成园时间可提前 2~3 年，在生长季节里，接后 3 个月苗高可超过 40cm，使一直以来老茶园改植换种周期长、投资大及老茶园重新种茶苗生长受抑制的状况得以改变，并减少了改植换种过程中挖去老茶树、重新开垦园地、育苗移植等工作，对老茶园改植换种、加速茶树良种化进程有积极的作用。

第四章
茶树树冠的
优良管理

茶树修剪概述

在不同的生长发育阶段，茶树具有不同的生长习性。合理修剪是促进茶叶高产、优质、稳产的一项基本措施。同时，通过人为剪除部分枝条，改变茶树生长分枝习性，促进营养生长，可以塑造理想树型，延长茶树经济年限。不同年龄时期的茶树，由于修剪目的、要求不同，因而有不同的修剪方法。

茶树修剪，可以让茶树的生长发育朝着人们需要的方向发展。具体作用有：减少纤弱枝，促进骨干枝的形成，增加骨干枝的数量，为形成广阔的树冠打下基础；修整树冠，提高萌芽力，促进芽叶肥壮；调剂树体营养，节制养分消耗，减少病虫的危害；创造平整的采摘面，提高采茶工效，方便机械操作和管理。

一、修剪时期

茶树修剪时期适当与否，与修剪后新生枝条的生长量与粗壮程度有密切关系。不同时期进行茶树修剪，对树冠养成的好坏影响很大，修剪时期选择不恰当，达不到预期的目的，甚至造成茶树茎秆枯死。决定茶树最适宜的修剪时期，应该以茶树的生长规律及气候条件为主要依据。

在一年营养生长过程中，茶树有 3~4 个相对休眠期，其中以当年 10 月至次年 3 月上旬这一休眠期最长。10~11 月进入生殖生长阶段，12 月至次年 5 月上旬生长停滞，处于休眠状态。此时，为满足翌年萌发生长的需要，茶树根部储存有较多养料。因此，最理想的茶树修剪时期是在春茶萌发前，即2月下旬或3月上旬。茶树新生枝条的生长强度，均以春茶前修剪的为最好。部分地区的茶园考虑到当年的收益，整形修剪和更新修剪在春茶后（5月初旬）进行。其生长强度次于春茶前修剪的，这是因为通过一季春茶，养分消耗较多，生长期缩短，修剪后新生枝条的再生能力也相对被削减。为了使修剪创伤恢复较快，促进新生枝条的萌发，要注意缩短春茶的采摘期，尽可能地提前修剪期。幼龄茶树的定型修剪，目的是培育健壮的骨干枝，以春茶前为宜，假如植株尚未达到开剪的标准，也可在春茶后进行。

茶树的修剪时期还必须与当地的气候条件相结合。高山地区一般寒冷来临较早，霜期较长，春茶前修剪要适当推迟，以避免修剪后新梢的冻害和灼伤。干旱少雨的地区，夏茶期间的修剪应注意提早。例如，湖南省夏秋气温较高，对新梢的生长有利。但这一时期，历年都有不同程度的干旱，在高温干旱的环境条件下，容易使萌发出来的芽叶受到灼伤，甚至导致植株枯死。因此，不适宜在夏末秋初进行修剪。

另外，对耐寒性较弱的品种，修剪期应该适当推迟；发芽早的品种，修剪期则可以相应提前。

二、修剪机械

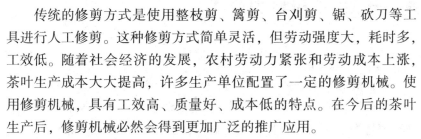

传统的修剪方式是使用整枝剪、篱剪、台刈剪、锯、砍刀等工具进行人工修剪。这种修剪方式简单灵活，但劳动强度大，耗时多，工效低。随着社会经济的发展，农村劳动力紧张和劳动成本上涨，茶叶生产成本大大提高，许多生产单位配置了一定的修剪机械。使用修剪机械，具有工效高、质量好、成本低的特点。在今后的茶叶生产后，修剪机械必然会得到更加广泛的推广应用。

茶树修剪机的选择，一是要与生产规模相符合，根据作业对象与作业内容做出合理的选择；二是要掌握正确的使用方法。过量购置容易造成资源浪费，而不当的使用或工作效率不高，或容易使机器损坏，均不利于生产。

新栽种的茶树枝条较嫩，1~2年内的定型修剪可用整枝剪修剪，之后几年可选用双人抬平行轻修剪机、深修剪机或单人修剪机进行。平行修剪机修剪有利于加速封行。

采摘后5~10天内为平整茶树冠面突出的部分枝叶进行整理的修剪，深度在1cm左右，可选用单人修剪机、双人抬轻修剪机，也可用单人或双人采茶机替代使用。

轻修剪的修剪范围是树冠面3~5cm层，枝条直径0.3~0.5cm，可选用单人修剪机或双人抬轻、深修剪机。

深修剪是剪树冠面10~15cm层内的枝条，枝条直径达0.8cm，可选用单人修剪机或双人深修剪机。

重修剪是在离地40cm左右处剪切，树枝直径粗达2.5cm，木质较硬，可选用轮式平型重修剪机或圆盘式台刈机（也称割灌机）。

台刈树干最粗，木质坚硬，只能选用台刈机作业。

茶树封行后，行间枝叶密集，通风透光条件不良，不便行走操作，可以用单人修剪机剪去茶行两侧枝条，留出15~20cm的操作道。

第二节 茶树修剪技术

定型修剪、轻修剪、深修剪、重修剪和台刈是我国广大茶区在茶树树冠管理上推广应用的五种主要修剪方法，作用各不相同：定型修剪是为培养茶树骨架，促使分枝，扩大树冠；轻修剪和深修剪是为控制树冠的一定高度，保持树冠面生产枝的粗度和数量，使生产芽叶的产量和品质维持在一定的水平；重修剪和台刈可以使衰老茶树的枝梢得以复壮，恢复或超过原有树形和生产力水平。根据茶树的生育特点、树势和环境状况，合理地运用各种修剪技术，可以有效促使高效、优质茶树树冠形成。

一、定型修剪

定型修剪是指根据茶树自然生长规律，利用修剪的手段，调整其生育过程，改变原有的生长习性，促进骨干枝的形成，培养粗壮的骨干枝架，为创造广阔的树冠打下基础。

茶树在幼龄时期有明显的主干，主干上抽发出参差不齐的分枝。随着树龄的增大，侧枝的生长势随着主干生长优势的逐渐减弱而相应增强，树型慢慢向灌木型方向发展。在自然生长的条件下，茶树一般有明显的顶端优势，腋芽生长慢，顶芽生长快，并有抑制腋芽生长的作用。未经修剪的茶树，分枝多而细弱，生长很不均匀，很难扩大树冠幅度。而经过定型修剪的茶树，除树高略低，幅度大30%左右，增加有效分枝1倍以上。

1. 开剪时间　幼龄茶树第一次定型修剪的时间不可过早也不能太迟，过早因幼苗细弱，抽发的分枝不会粗壮，很可能影响骨干枝架的形成；太迟则会相应推迟茶树投产的年限。根据各地经验，当全园75%的茶苗高度达到25cm以上时，就可以进行第一次定型修剪。没有达到开剪标准的茶苗，可以推迟一个茶季至春茶后（5月中旬至6月下旬）进行。

2. 修剪高度与次数　幼龄茶树分枝的数量和粗壮程度直接受定型修剪的高低影响。若修剪偏高，分枝虽多，但分枝较细弱，第一层骨干枝不粗壮，势必影响第二层骨干枝的粗壮程度，因此不利于整个树体骨干枝架的形成。若修剪稍低，分枝数虽少，但分枝较粗壮，却有利于骨干枝架的形成。

第一次定型修剪：第一次定剪对茶树骨架的形成十分重要，必须精细进行，确保质量，宜用整枝剪逐株依次进行。只剪主枝，不剪侧枝，剪时不可留桩过长，以免损耗养分。高度一般离地面 15～20cm。剪口应向侧倾斜，尽量保留外侧的腋芽，使发出的新枝向四周伸展。为避免雨水浸渍伤口难于愈合，剪口应光滑，切忌剪裂。

第二次定型修剪：通常在上次修剪一年后进行。修剪的高度可在上次剪口上提高 15～20cm。如果茶苗生长旺盛，苗高已达修剪标准，也可提前进行。这次修剪可用篱剪按修剪高度标准剪平，然后用整枝剪将过长的桩头修去，同样要注意留外侧的腋芽，以方便分枝向外伸展。

第三次定型修剪：在第二次定型修剪一年后进行，如果茶苗生长旺盛同样也可提前。修剪的高度在上次剪口上提高 10～15cm，用篱剪将篷面剪平。

定型修剪（图 4-1）中，第一、第二次对骨干枝架的形成具有决定性作用的，第三次修剪则以平整树冠面为主要任务，因此第二次修剪后，也有采用打顶的方式代替第三次修剪。第四年和第五年每年生长结束时，在上年剪口以上提高 5～10cm 进行整形修剪，使茶冠略带半弧形，以进一步扩大采摘面。茶树 5 年足龄后，树冠已基本定型，可以正式投产，此后可按成年茶树修剪方法进行管理。

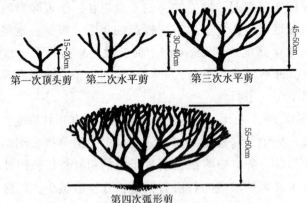

图 4-1　幼龄茶树组合修剪技术

另外，茶树的定型修剪不仅仅指对幼年茶树的定型修剪，也包括衰老茶树改造后的树冠重塑，即重修剪或台刈后的茶树也需进行定型修剪。

二、整形修剪

整形修剪，包括浅修剪、深修剪和疏枝等几方面内容。经过三次定型修剪的幼龄茶树，通过 1~2 年的打顶养蓬，树高可达 0.7~0.8m，树幅超过 0.9m 以上，正式投入生产，由幼龄期进入到壮龄期。此后由于树龄的增加和不断采摘的关系，茶树生机必然逐渐减弱，出现分枝层次增多、分枝逐渐细弱、萌芽力日趋降低等现象。因此，必须根据茶树不同的年龄时期和生长状态，采取适当的修剪方法，调整其各个生长发育期的生理机能，提高发芽力，以达到茶叶稳定高产的目的。

1. 轻修剪　轻修剪一般每年在茶树树冠采摘面上进行一次，每次在上次剪口上提高 3~5cm。如果树冠整齐，长势旺盛，也可以隔年修剪一次。其目的是抑制树冠上面的徒长枝，创造平衡的树冠，促进营养生长，减少开花结果。要求只剪去高出树冠面的突出枝条，不剪树冠面的平整部分。较多的是将茶树冠面上突出的部分枝叶剪去，整平树冠，修剪程度较浅，称为"修平"；为了调节树冠面生产枝的数量和粗度，则剪去树冠面上 3~10cm 的叶层，修剪程度相应较重，称为"修面"。

由于各地生态条件、品种、茶树的生长势等存在较大的差别，因此轻修剪的程度必须根据茶园所在地的具体情况酌情加以应用，因地制宜，因树制宜。例如，气候温暖、培肥管理较好、生长量大的茶园，轻修剪可剪得重一些；采摘留叶较少，叶层较薄的茶园，应剪得轻一些，以免叶面积骤减影响生长；生长势较强，生产枝粗壮，育芽能力强，分枝较稀，蓬面枝梢分布合理，气候较冷的地区，修剪程度可略轻一些，只稍做树冠平整即可；生产枝细弱，有较多的对夹叶发生，分枝过密的茶树，修剪程度应稍重一些；而一些冬季或早春受冻的茶树，只将受冻叶层、枯枝等剪去即可。

轻修剪时必须让树冠面保持一定的形状，水平型和弧型是应用最多、效果较好的是两种类型。纬度高、发芽密度大的灌木型茶树，以弧型修剪面为好；纬度低、发芽密度稀的乔木、小乔木茶树，发芽密度稀，生长强度大，以水平型修剪面为好。

2. 深修剪　经过多次修剪和采摘后，茶树树冠面可能形成一层稠密的、俗称"鸡爪枝"层的纤弱枝。这些小枝上结节多，有碍营养物质的输送，导致茶树发芽力不旺，芽叶瘦小，容易形成对夹叶，所以必须根据树冠分枝的生长状况进行一次深修剪。"鸡爪枝"层薄的，修剪程度要浅，反之修剪宜深，一般剪去树冠面 10～15cm 不等（图4-2）。

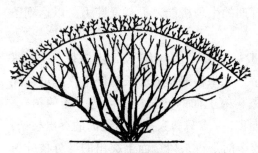

图4-2　茶树深修剪示意图

茶树经深修剪后重新形成的生产枝层比修剪前的粗壮、均匀，育芽势增强，但仍需在此基础上进行轻修剪，隔几年后再次进行深修剪，修剪程度一次比一次重。深修剪大体上可每隔5年或更短的时间进行一次，具体应根据各地茶园状况、生产要求而定。

深修剪的时间通常在春茶萌动前，也可在春茶采后，留养一季夏茶，秋季便能采茶，以减少当年产量的损失。有的在夏茶后剪，留养秋茶。第二年早春伏旱的地区，为避免干旱影响新梢的萌发和生长，不宜在夏茶后剪。

深修剪尽管可以恢复树势，但由于剪位深，对茶树刺激重，因而对当年产量有一定的影响，剪后的当季没有茶叶收获，下季茶产量也较低。在茶园一切管理正常的条件下，气候没有剧烈变化，而茶叶产量却连续下降，树冠面枝梢生长势减弱时，可以实施深修剪。

3. 疏枝及边缘修剪　针对成年茶树树冠比较郁闭，行间狭窄的情况，可以在轻、深修剪的同时，辅助进行疏枝及边缘修剪措施。

由于病虫害及采摘不合理的影响，致使茶丛内出现有枯枝、衰老枝、健壮枝和根颈部萌发出来的"土蕻子"（根颈枝），形成"两层楼"的茶蓬。对这样的茶树，可以进行疏枝。具体方法是：用整枝剪剪掉茶丛内的枯枝、衰老枝、纤弱的萌枝和病虫害枝，留下健壮枝和根茎枝。然后再用水平剪平剪掉健壮枝和根颈枝的 1/2 或 1/3 高度，这样可使茶树通风透光，减少不必要的养分消耗，促进茶树健康生长。

上述修剪除疏枝用整枝剪，其他都采用篱剪或修剪机修剪，要求修剪器具锋利、剪口平滑，避免枝梢撕裂，否则会引起病虫侵袭和雨水浸入，导致枝梢枯死，影响发芽。

三、重修剪和台刈

经过多年的采摘和各种轻、深修剪，茶树上部枝条的育芽能力逐步降低，即使加强轻、深修剪及培肥管理，树势也无法再保持较好的恢复，具体表现为发芽力不强，芽叶瘦小，对夹叶比例明显增多，开花结实量大，产量和芽叶质量下降，根茎处不断有新枝（俗称地蕻枝、徒长枝）发生。对于这类茶树，应该更新树冠结构，重组新一轮茶树树冠，可以按衰老程度的不同，采用重修剪或台刈（图 4-3）方法进行改造。

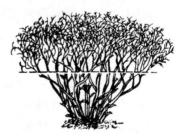

图 4-3　茶树重修剪示意图

1. 重修剪　重修剪对象包括未老先衰的茶树和一些树冠虽然衰老，但主枝和一、二级分枝粗壮、健康，具较强的分枝能力，树冠上有一定绿叶层，采取深修剪已不能恢复树冠面生长势的茶树。

重修剪程度要掌握恰当。修剪程度过轻，可能达不到改造目的，甚至改造后不久又较快衰老，失去改造意义。修剪过重过深，树冠恢复较慢，恢复生产期推迟。因此，要求根据树势确定修剪深度。通常的深度是剪去树高的 1/2 或略多一些，长年管理缺失的茶树，由于茶树高度过高，不利于管理，重修剪时应留下离地面高度 30~45cm 的主要骨干枝部分，以上部分统统剪去。重修剪进行前，应对茶树进行全面调查分析，以确定大多数茶园的留养高度标准。对个别衰老的枝条，可以用抽刈的方法，避免因修剪不恰当带来不理想的效果。

茶树休眠期是重修剪的最佳时期。但半衰老或未老先衰的茶树，为收获一定的产量，可在春茶采后重修剪，剪后当年发出的新梢不采摘，在次年春茶萌动前，于重修剪剪口上提高 7~10cm 修剪，重剪后第二年起可适当留叶采摘，并在每年初春在上次剪口上提高 7~10cm 修剪。树高超过 70cm 后，可每年提高 5cm 左右进行轻修剪。

没有经过定型修剪、树冠参差不齐、树势尚未十分衰老的旧式茶园，也可以按照上述方法进行重修剪，然后轻修培养树冠。

2. 台刈　台刈就是把树头全部割去，是彻底改造树冠的方法。台刈的茶树应当是树势衰老，无法采用重修剪方法恢复树势，即使加强培肥管理，产量仍然不高，茶树内部都是粗老枝干，枯枝率高，起骨架作用的茎干上地衣苔藓多，芽叶稀少，枝干灰褐色，不台刈不能改变树势的茶树。

由于台刈后新抽生的枝梢都是从根颈部萌发而成，生理年龄小，因而比前几种修剪获得的枝梢更具有生命力。恰当地台刈，并加强培肥管理，可以使茶树迅速恢复生产，达到增加产量、提高品质的目的。但台刈后会影响初期一二年的产量，所以树势不是十分衰老的茶树不宜采用。

台刈高度关系着今后树势恢复和产量高低。实践证明，台刈留桩过高，会影响树势恢复，生产中通常在离地面 5~10cm 处剪去全部地上部分枝干。但不同类型的茶树台刈高度掌握有所不同，小乔木型茶树和乔木型的茶树台刈留桩宜适当高些，过低往往不易抽发新枝，甚至会逐渐枯死，可在离地 20cm 左右处下剪。灌木型茶树，台刈高度可稍低些。

台刈最好采用圆盘式台刈机，可以避免树桩的撕裂。也可以用锋利的镰刀自下而上拉割，使切口呈光滑斜面，以利于不定芽的萌发。粗大的枝干可用手锯或台刈剪，千万不能砍破桩头，否则伤口腐烂，难以愈合和抽发新枝。

早春是茶树的休眠末期，根部积累了较多的养分，可以较好地满足新枝萌发的营养需要，因此台刈的时间在早春为好。同时，初春台刈，茶树新枝的全年生长期长，有利于形成健壮的骨干枝。有些茶区考虑到当年茶叶产量和收入，也可在春茶采后的 5 月台刈。

气温高、茶树终年生长、没有明显休眠期的部分南方茶区，茶树根部积累的碳水化合物少，较重程度的修剪后不利于恢复。这些茶园可以在树冠上留少数健壮枝条，以这部分留下的枝条继续进行光合作用，积累养分，供台刈后枝梢抽生时营养的需要，等剪口抽出的新枝生长健壮后，再剪去这部分枝条。在云南省还有一种收效更佳的"环剥"法，具体做法是：在离地 20cm 处用利刀环剥树皮圆周的 2/3，保留 1/3，环宽约 2cm，使营养物质积聚在切口处，促进环剥处新芽的抽生。1 个月后，切口以下不定芽陆续萌发，2~3 个月后，新梢长到 60~80cm 时，将环剥以上部分的老枝条剪去，重新形成以新发枝条为基础的树冠。

台刈后发出的新枝，在一年生长结束后，离地 40cm 左右进行修剪，剪后 2~3 年内逐年在上次剪口上提高 10cm 左右修剪，待树高到 70cm 以上时，每年按轻修剪的高度标准进行修剪。台刈后发出的新枝生长旺盛、芽叶肥壮，但切忌过早、过度采摘。通常情况下，台刈后的一年生枝条不要采摘，第二年采高留低，打顶养蓬；第三年开始适当留叶采摘，如此才能养成骨架健壮、分枝适密、采摘面广的高产树型。

第三节　茶树修剪后的树冠维护

茶树修剪的作用是刺激茶树腋芽、潜伏芽的萌发，促进发芽壮、育芽力强，达到提高茶叶产量和质量的目的。在修剪前后，要注意施肥，以利于促使新生枝条的健壮，这是修剪必须具备的物质基础。为最大程度地发挥修剪的作用和效果，还要配合合理采摘、防治病虫害等农业技术措施。

一、茶树修剪后的培肥管理

茶树修剪后伤口的愈合和新梢的抽发，依赖于贮存在树体内的营养物质，尤其是根部养分的贮藏量。衰老茶树更新后能否迅速恢复树势、达到高产，很大一部分取决于根部营养状况，也就是土壤营养状况。所以为使根系不断供应地上部再生生长，必须保证充足的肥水供应。同时，在缺肥少管的情况下修剪往往消耗树体大量的养分，加速树势衰败，不能达到更新复壮的目的。

茶树经过定型修剪后，可以按茶树的生长规律，一年多次进行养分的补充，可以是一次基肥二次追肥，也可多次追肥，但应避开夏季连续高温干旱时期。

轻、深修剪的茶树，树冠面还保留较多的部分，可以在行间进行边缘修剪后，开施肥沟，施入一些速效氮肥和体积小的有机肥。时间在修剪前后均可。

茶树经过较重程度的重修剪和台刈措施后，应立即进行土壤的

116

耕作与施肥，改良土壤，并施入较多的有机肥和磷、钾肥，促使茎干生长健壮。并在修剪后的新梢萌发时，及时追施催芽肥，促使新梢尽快转入旺盛生长。

施肥量的大小应根据土壤养分、茶树树势等情况因地制宜，一般修剪程度越重，所需施肥量越多，即重修剪茶树用肥量少于台刈茶树，深修剪茶树少于重修剪茶树。台刈茶园通常每公顷施22500kg左右的有机肥，或1500kg以上的饼肥，并根据土壤情况每公顷适当配施氮素75~150kg，磷素100~225kg，钾素150kg左右，这些基肥在年末秋冬深耕时施下；生长期间应分次施用追肥，每公顷年用氮量不少于225kg。修剪程度重，适当增加磷、钾肥比例可以促使茎干生长健壮，氮、磷、钾的配合使用以3：2：2为好。另外，修剪枝叶还园对改良茶园土壤、增加土壤有机质的作用十分重要。重修剪和台刈茶园的茶行间空旷面积大，茶行间可以间作一些豆科作物和高光效牧草，以增加产业链的循环环节。例如，牧草养殖草食动物，草食动物的有机粪肥直接改良土壤，或先通过沼气池的循环，然后进入茶园，取得以无机促有机，以有机改良土壤的效果。

二、茶树冠面叶片的采摘与留养

合理地进行采摘与留养是修剪后的一项重要管理措施。生产上常有两种不合理的采留方式，一种是不考虑茶树长势和树冠基础的培育，只顾眼前利益，急于求成，不适当地进行早采、强采；另一种是该采的不采，实行"封园养蓬"，导致树体不能扩大，形成不合理的分枝结构，无法实现高产目标。

在树冠养成的一段时期内应坚持多留少采，例如，茶树在春茶后经过台刈、重修剪，只能在秋茶后期进行适度打顶养蓬；第二年春前定型修剪，春末打顶采，可视茶树长势决定最后一季茶的采摘强度，长势强的可执行留1~2片新叶采，长势差的则只可以适度打顶或蓄养。重修剪、台刈后的茶树长势较旺，新展枝叶生长量大，叶大、芽壮、节间长，必须像幼年茶树一样，以养为主，适当在茶季末期打顶，经2~3年的定型修剪、打顶和留叶采摘后，才正式投产。如果只看重眼前利益，不合理地进行早采或强采，就无法达到应有的更新效果。成龄茶树深修剪后初期，光合同化面积小，第一个茶季不能采茶，第二个茶季可实行季末打顶采，一开始多留少采，以尽快恢复树势。留养1~2个茶季后，视树势逐步转入正常采摘。幼年茶树定型修剪后则应以养为主，假如年生长量大，可在茶季结束前适当打顶轻采。

三、修剪茶树的保护

茶树经过不同程度的修剪后，新抽生的芽叶生长势强，生长量大，嫩度好，容易受各种自然灾害的危害。为确保茶树的正常生育，修剪后要尽可能减轻或避免各种灾害性因素对茶树的干扰、损伤或破坏。例如，江北茶区和江南的高山茶区应特别做好寒冻害的防御；江南茶区春季和夏初要注意做好山地茶园的水土保持工作，夏季防高温干旱的伤害，秋季防旱热灾害。

全国各大茶区，病虫害的防治都是一项经常性的重要工作。修剪后的茶树，枝叶繁茂，芽梢持嫩性强，为病虫滋生提供了鲜嫩的食料，非常容易发生病虫危害，因此修剪后应积极展开病虫防治，及时处理一些被剪下的病虫危害枝叶。在修剪的同时，应清除茶丛内外枯枝落叶和杂草，除去病害寄主，破坏害虫越冬场所。为避免病虫害蔓延感染改造后的茶树，对四周没有进行改造的茶树也应加强防治措施。原来病害较重的茶园，此时，可用石硫合剂在茶丛根颈部周围喷施，以确保复壮树冠枝壮叶茂。老茶树通常寄生有病虫和低等植物，一些枝干上的病虫害不易防除，所以应在修剪更新时剪去被害严重的枝条。

第五章

茶树病虫草等
灾害防治

第一节　茶树主要病虫害防治

　　茶树分布在气候温暖、雨量充沛的地域，为病虫滋生提供了有利的环境。目前，我国已记载的茶树病害有 130 多种，害虫（螨）约 430 种。不仅病虫害种类多，而且发生严重。例如，20 世纪 80 年代以来，江南茶区的黑刺粉虱猖獗成灾，并已向南方粤北茶区蔓延，轻则减产 15%~20%，重则减产 40%~60%，是茶叶生产发展的严重威胁。

　　由于拥有不同的气候条件、种植年限和种植面积，各地茶树病虫种类组成也不相同。在我国各茶区中，华南、西南和江南茶区的气候温暖湿润，种植年限较长，病虫种类较多。

　　华南茶区主要病害有云纹叶枯病、茶饼病、黑腐病、红锈藻病、根腐病（红根腐病、褐根腐病等）、根结线虫病。主要害虫有假眼小绿叶蝉、茶黄蓟马、害螨类（茶橙瘿螨、咖啡小爪螨、茶短须螨）、油桐尺蠖。茶谷蛾、茶细蛾、茶吉丁虫、茶线腐病、黑刺粉虱等病虫在局部地区也有发生。

　　西南茶区主要病害有茶饼病、白星病、炭疽病、根结线虫病、根腐病类（红根腐病、紫纹羽病）和地衣苔藓。主要害虫有假眼小绿叶蝉、茶跗线螨、茶黄蓟马、茶毛虫、蚧类（牡蛎蚧、角蜡蚧等）、茶网蝽、尺蠖类（云尺蠖等）、刺蛾类（角刺蛾等）。油桐尺蠖、茶梢蛾、山茶象和枝癌病等病虫在局部地区有发生。

　　江南茶区主要病害有茶白星病、云纹叶枯病、轮斑病、红锈藻病、根结线虫病。局部地区发生的病害有茶芽枯病、炭疽病、茶苗根癌病。主要害虫有假眼小绿叶蝉、茶叶害螨（茶橙瘿螨、茶钝线螨）、黑刺粉虱、茶尺蠖、茶毛虫和茶叶象甲。茶小卷叶蛾、油桐尺蠖、茶黑毒蛾、长白蚧等害虫在局部地区也有发生。

江北茶区主要病害有茶云纹叶枯病、轮斑病和白绢病等。主要害虫有茶毛虫、假眼小绿叶蝉、茶小卷叶蛾、茶橙瘿螨、黑刺粉虱、蛴螬、地老虎和蝗虫。蓑蛾、刺蛾等害虫在局部地区有发生。

一、病虫预测预报工作

病虫害的发生、消长有一定的规律可循，基于此，可对应开展茶树病虫的预测预报工作，以提前预防，减少损害。预测就是调查某种病虫的发生情况，结合已有的历史资料、天气情况等，估计该病虫的发生趋势，确定其发生的区域、时间和程度。预报则是将预测的结果，通过各种形式发送给外界，指导相关单位及时、准确地开展防治工作。病虫害的预测预报是判断病虫情况、制订防治计划和指导防治的重要依据，其好坏直接影响着病虫防治的效果。

1. 预测预报的内容　根据病虫防治的要求，预测预报工作的内容可以分为以下几个方面。

（1）发生期　发生期是指病虫的某一关键虫态或危害状出现的时间。通过发生期预测可以确定防治的最佳时期。在发生期预测中，常将病虫在时间上的分布进度划分为始见期、始盛期、高峰期、盛末期和终见期。其中始盛期、高峰期、盛末期为主要预报时期，按照发育进度百分率，通常出现 16% 为始盛期，出现 50% 为高峰期，出现 84% 为盛末期。

（2）发生量　发生量是指在某一时期内单位面积上的病虫发生数量。发生量预测的目的是预计病虫未来是否有大规模发生的趋势和是否能达到防治指标，以决定是否需要防治，以及需要防治的范围和面积。病虫的数量变化一般与上一代的有效基数、繁殖率、存活量有关，同时还应考虑栽培耕作制度、气候、天敌数量等因素。

（3）危害程度 在发生期预测和发生量预测的基础上，根据茶树品种的特点、生长发育特性和气象资料等分析，确定易受病虫危害的生育期与病虫盛发期的吻合程度，预测其发生的轻重和危害程度。在实际生产中，病虫害的发生轻重程度一般分为轻发生、中等偏轻发生、中等发生、中等偏重发生及大发生等级别。

2. 预测预报的方法 根据病虫预测预报的内容，预测预报有各种各样的方法。田间调查法、期距预测法、有效积温预测法和诱集预测法等是茶树病虫害预测预报的主要方法。

（1）田间调查预测法 通过田间实际调查病虫发生的时期、发生数量和危害程度，预测病虫发生的趋势，称为田间调查预测法。又根据调查对象和调查内容的不同，主要有越冬基数调查法和害虫发育进度调查法两种。

越冬基数调查法指在秋末冬初，调查统计病虫主要以越冬场所的虫口密度或带菌率作为越冬基数，以预测来年病虫发生的情况。

害虫发育进度调查法是通过田间调查发生的幼虫、蛹等各虫态的数量，计算出化蛹率、化蛹时期的动态，推算出成虫羽化、产卵盛期和幼虫发生的高峰期，以确定防治的日期。

（2）期距预测法 害虫由一个虫态发育到下一个虫态或者由前一世代发育到后一世代，需要经过一定的时间；病害从侵入到发病期或者从田间出现发病中心到大面积发生，也需要一定的时间。这一时期所需的天数称为期距。通过调查茶树病虫的前一个发生时期加上期距天数，就可以推断出后一个发生时期，并进一步确定病虫的防治适期。

（3）有效积温预测法 在适宜害虫生长发育的季节里，温度的高低是决定害虫生长发育速度的主导因素。每一种昆虫开始生长发育，都需要温度达到一定值，这个温度称为发育起点温度。高于发

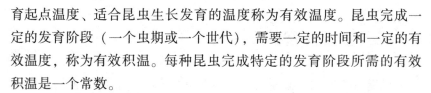

育起点温度、适合昆虫生长发育的温度称为有效温度。昆虫完成一定的发育阶段（一个虫期或一个世代），需要一定的时间和一定的有效温度，称为有效积温。每种昆虫完成特定的发育阶段所需的有效积温是一个常数。

有效积温预测法就是根据某种害虫完成一个世代或一定虫期的发育起点温度和有效积温，计算出该种害虫生长到某一阶段所需要的时间，进而预测出防治适期。

（4）诱集预测法　有灯光诱集预测法、引物诱集预测法和性信息素诱集预测法等几种，主要是利用害虫的趋光性、趋化性以及取食、潜藏、产卵等习性，诱集获得害虫的种类和数量，预测害虫的发生期和发生量。例如，通过灯光诱集法记载每天诱集到的成虫数，获得成虫发生高峰日，然后用历期法预测下一代幼虫孵化高峰期或某一虫态的发生盛期。

3. 预报病虫情况　为了及时反映病虫发生的情况，需要将病虫调查、预测的结果进行综合分析，编写出病虫情报，以文字材料或电子信息的形式，通过邮件、电话、电视、广播、网络等媒介向外界发布，以指导有关生产单位或茶树种植区域及时准确地开展病虫的防治。

预报的病虫情况主要包括以下几方面：

第一，预报并介绍主要病虫种类，包括其危害性和发生特点。

第二，提出近期这些病虫的发生情况，并对比历年资料，说明发生早晚和轻重。

第三，综合气象、茶树生长和天敌等条件进行科学分析，预测发生程度和发生趋势。

第四，提出防治时期和防治方法的建议。

二、主要病害的发生与防治

根据危害部位，茶树病害可分为叶部病害、茎部病害和根部病害。由于嫩梢是茶树的收获部位，因此叶部病害的危害性相对较大，直接影响着茶叶的产量和品质。

1. 茶树叶部病害　由病原菌引起、发生在茶树叶片上的病害称为茶树叶部病害。其中，茶饼病、茶白星病（图 5-1）和茶芽枯病（图 5-2）等主要发生在嫩叶和新梢上；茶云纹叶枯病、茶轮斑病、茶炭疽病和茶煤病等病害主要发生在成叶和老叶上。

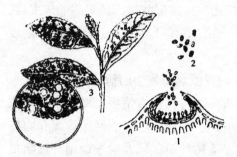

图 5-1　茶白星病

1. 分生孢子器

2. 分子孢子　3. 为害状

图 5-2　茶芽枯病

1. 分生孢子器

2. 分子孢子　3. 为害状

茶树叶部病害大多由真菌引起，在病叶或土表落叶中越冬，次年春季侵染茶树叶片。在适宜条件下，一年中可以进行多次侵染，导致病害流行。茶饼病和茶白星病分别在我国南方茶区和高山茶园中发生严重，炭疽病则在多雨的季节容易发生，云纹叶枯病等在茶树遭受热害、肥水管理不良等状况下发生较重。叶部病害的防治方法如下：

第一，秋冬季深耕，应清除茶园土表落叶和树上病叶。

第二，勤除杂草，适当修剪，及时分批采摘。

第三，加强培肥管理，适当提高肥料中磷、钾比例。

第四，选择合适的杀菌剂和适宜的喷药时期进行化学防治。春秋茶萌芽期进行喷药可防治芽叶病害，而云纹叶枯病、炭疽病和轮斑病则应在初夏期防治。甲基托布津、多菌灵、百菌清等为可使用的农药。

2. 茶树茎部病害　由病原菌引起、发生在茶树茎干上的病害称为茶树茎部病害，主要种类有红锈藻病、菌核黑腐病、菌索黑腐病、枝梢黑点病和地衣苔藓等。

茶树的树势和茶树茎病的发生有非常密切的关系。枝梢黑点病多在台刈复壮和壮龄茶园中发生，其他茎病在管理粗放、树势衰弱的茶园中发生较重。温暖潮湿的生态条件有利于茎病的流行。因此，荫蔽、排水不良或容易缺水的茶园，茎部病害发生较重。茎部病害的防治方法主要有以下几种：

第一，加强培肥管理，增施磷、钾肥。

第二，建立良好的排灌系统，保持土壤所需的水分。

第三，将病梢和病枝剪除。

第四，在发病初期，喷洒杀菌剂进行保护，可选用甲基托布津、多菌灵或百菌清等药剂进行防治。藻类对铜制剂敏感，可在非采摘季节或非采摘茶园，喷施硫酸铜液或石灰半量式波尔多液。地衣苔藓可以用草甘膦进行防治。

3. 茶树根部病害　由病原菌引起、发生在茶树根部的病害称为茶树根部病害，主要有茶苗根结线虫病（图5-3）、茶苗白绢病、根癌病、红根腐病和紫纹羽病等。

图5-3　茶苗根结线虫病

1. 雌虫　2. 雄虫　3. 幼虫

4. 卵　5. 为害状

不同的茶树根病有不同的病原种类，多数根病由真菌引起，茶苗根结线虫病则由线虫引起。茶树根病的病原物可在土壤中长期存活并在土壤中传播蔓延，遗留在土中的树桩、树根可成为根部病菌的寄生场所。地势低洼、排水不良的黏重土壤中，根病的发生较重。根部病害主要有以下防治方法：

第一，加强土壤管理，在初垦林地或开荒新建茶园时，应将树木残桩、残根清除干净。

第二，采用生荒地种茶。

第三，增施有机肥，注意排水。

第四，严格检疫，不能从病区引进茶苗。

第五，可使用甲基硫菌灵和十三吗啉等进行药剂防治。

三、主要害虫的发生与防治

茶树害虫根据取食方式和危害部位的不同，可分为食叶类害虫、吸汁类害虫（螨）、钻蛀类害虫和地下害虫四大类。

1. 食叶类害虫　取食茶树叶片危害茶树的害虫称为食叶类害虫，包括鳞翅目害虫和鞘翅目的象甲、叶甲等害虫。

尺蠖蛾类、毒蛾类、卷叶蛾类、刺蛾类、蓑蛾类等类群是主要的鳞翅目害虫，这些害虫完成一代需要经过卵、幼虫、蛹和成虫四个发育阶段，危害茶树的害虫都是以幼虫取食芽叶。其食叶量随着幼虫龄期的增加而增加，一般 3 龄后进入暴食期。在种群密度大时，可全部食尽茶树叶片，形成秃枝，严重影响茶叶的生产。

茶尺蠖和油桐尺蠖（图 5-4）是常见的尺蠖蛾类害虫，木槺尺蠖、云尺蠖、茶银尺蠖等在局部地区有所发生。尺蠖蛾类通常全年发生 2~7 代，危害最严重的时期是夏秋茶期间。茶尺蠖是最重要的一种，在浙江、江苏、安徽等省茶区发生普遍，在四川、福建、广东等省时有发生。有寄生性天敌、捕食性天敌和病原微生物等多种天敌种类，其中绒茧蜂和核型多角体病毒对茶尺蠖有明显的控制作用。

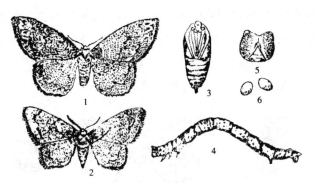

图5-4　油桐尺蠖

1. 雌成虫　2. 雄成虫　3. 蛹　4. 幼虫　5. 幼虫头部　6. 卵

茶毛虫（图5-5）是分布最为普遍的毒蛾类害虫，其次是茶黑毒蛾和茶白毒蛾，在我国各茶区均有发生，以管理粗放的老茶园中发生较为严重。毒蛾类幼虫除取食叶片，体表还具有毒毛，人体皮肤与其接触后，会引起红肿痛痒，影响茶园采摘等田间管理工作。

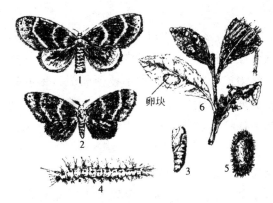

图5-5　茶毛虫

1. 雌成虫　2. 雄成虫　3. 蛹　4. 幼虫　5. 茧　6. 为害状和卵块

茶小卷叶蛾、茶卷叶蛾、茶细蛾和茶谷蛾等是主要的卷叶类害虫。卷叶类害虫以幼虫卷缀叶片危害茶树，在温暖潮湿的夏季发生较为严重。卷蛾小茧蜂、赤眼蜂和颗粒体病毒等是卷叶类害虫的主要天敌。

茶刺蛾和扁刺蛾（图5-6）是主要的刺蛾类害虫。刺蛾类通常在局部地区发生严重，幼虫除取食叶片危害茶树，大部分幼虫体表具毒刺，触及人体皮肤会引起红肿辣痛。寄生真菌和核型多角体病毒是目前已发现的、主要的刺蛾天敌。

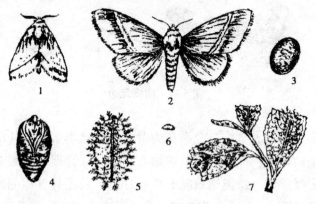

图5-6　扁刺蛾

1. 雄成虫　2. 雄成虫　3. 茧　4. 蛹　5. 幼虫　6. 卵　7. 为害状

茶蓑蛾、大蓑蛾、茶小蓑蛾和茶褐蓑蛾等是主要的蓑蛾类害虫。蓑蛾类害虫以悬挂于枝叶上的护囊内的幼虫取食叶片危害茶树。护囊是由幼虫吐丝缀连叶片、碎叶和小枝梗而成，形如口袋，也是种类鉴别的主要依据。蓑蛾类害虫天敌有寄生蜂、寄生蝇、蜘蛛和病原细菌等，其中蓑蛾疣姬蜂、桑蟥疣姬蜂、小蓑蛾瘦姬蜂等是主要的寄生蜂。

象甲类和叶甲类是主要的鞘翅目食叶害虫，最主要的有茶丽纹象甲、茶芽粗腿象甲和绿鳞象甲。象甲类害虫年均发生1代，具有假死习性，稍受惊动即坠地，清晨及黄昏后常在茶树冠面取食活动，老熟幼虫在树冠下土壤中越冬。

防治方法：

第一，与秋冬季深耕培土措施相结合，杀灭越冬虫蛹。

第二，人工摘除卵块和蓑蛾的护囊，将带有虫苞的枝叶剪除，或人力击拍茶树捕捉象甲成虫。

第三，采用灯光诱杀或食物（如糖醋液）诱杀成虫。

第四，选用苏云金杆菌、昆虫病毒等微生物农药进行药剂防治，也可选用苦参碱、鱼藤酮等植物源农药以及适宜的化学农药。防治时间通常掌握在卷叶类害虫幼虫潜叶期或初卷叶期，其他鳞翅目害虫在低龄幼虫期，象甲类害虫在成虫发生高峰前期。

2. 吸汁类害虫（螨） 刺吸茶树汁液危害茶树的害虫（螨）称为吸汁类害虫（螨），包括吸汁类害虫和害螨。

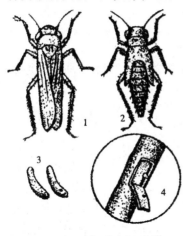

图 5-7 假眼小绿叶蝉
1. 成虫 2. 若虫 3. 卵 4. 产卵部位

假眼小绿叶蝉、茶蚜、茶黄蓟马、绿盲蝽、茶网蝽等吸汁类害虫，体形小、发生代数多、繁殖力强，主要危害茶树新梢和成叶。其中假眼小绿叶蝉（图 5-7）遍布全国各大茶区，是茶园中最重要的害虫，茶树受害后，新梢萎缩硬化，叶片呈褐色枯焦，造成茶叶减产，品质降低。

吸汁类害虫中的黑刺粉虱（图 5-8）、椰圆蚧、长白蚧、茶牡蛎蚧、蛇眼蚧、角蜡蚧和红蜡蚧等粉虱和蚧类害虫，固定在茶树不同部位刺吸茶树汁液危害茶树，常常造成树势衰退、芽叶瘦小，甚至大量落叶。其中黑刺粉虱等的分泌物掉落在茶树叶片上，还容易引发茶树煤病。

茶橙瘿螨、茶跗线螨、茶叶瘿螨、茶短须螨和咖啡小爪螨等是吸汁类茶树害螨的主要种类。多数螨类趋嫩性强，集中在嫩芽梢上取食危害，对产量、品质影响较大。其中，发生最为普遍、危害最为严重的是茶橙瘿螨，茶跗线螨则在西南茶区发生严重，咖啡小爪

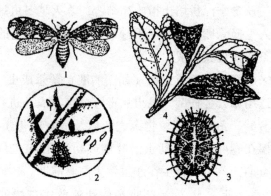

图 5-8　黑刺粉虱

1. 成虫　2. 幼虫和卵叶背（放大）　3. 蛹　4. 为害状

螨主要分布在我国南方茶区。

防治方法：

第一，及时分批采摘，是抑制假眼小绿叶蝉、蚜虫和一些害螨数量上升的有效办法。

第二，及时修剪疏枝，对黑刺粉虱、茶网蝽等害虫的发展有明显抑制作用。

第三，保护和利用茶园蜘蛛、瓢虫、草蛉等捕食性天敌，对假眼小绿叶蝉和茶蚜有良好的控制作用。

第四，及时在防治适期进行药剂防治，可选用的农药品种有吡虫啉、虫螨腈、联苯菊酯、克螨特和农用喷淋油等。秋茶结束后，可用石硫合剂进行封园。

3. **钻蛀类和地下害虫**　钻入茶树枝干和果实危害茶树的害虫称为钻蛀类害虫，主要有茶天牛、山茶象和茶枝木蠹蛾等。地下害虫则是指取食茶树地下根茎危害茶树的害虫，主要种类有金龟子类、地老虎、大蟋蟀和白蚁等。这两类害虫在各地茶区都有发生，仅部分年份、局部茶园有所危害，以灯光诱杀和人工捕捉为主要防治方式。

四、农药的安全合理使用

使用化学农药是茶农控制茶树病虫害经常采用的方法，也是综合防治的一项措施。然而化学农药在防治茶树病虫的同时，也会对茶园害虫天敌和茶园环境产生不利的影响，同时也是茶叶中农药残留的主要来源。因此，必须安全合理地使用化学农药，主要包括合理选用农药、遵守安全间隔期和优化农药使用技术等内容。

1. 合理选用农药　合理选用茶园适用的农药品种，是农药安全合理使用的前提。适宜茶园使用的农药品种，必须符合茶园适用农药的标准要求，高毒、高残留农药禁止在茶园中使用。

茶园适用农药有六大要求：一是杀虫谱要广，即在防治目标害虫的同时对其他害虫也有防治作用；二是防治效果好。农药对茶树病虫害的防治效果较好，使用后在茶叶单位面积上的农药有效成分残留量较低；三是降解速率快。在日光、雨露等环境因素的影响下，农药喷施在茶树叶片上后，可以很快降解，半衰期较短；四是急性毒性和慢性毒性低。使用农药的急性毒性为中等毒性以下，无慢性毒性，剧毒、高毒农药和具有慢性毒性的农药不得使用；五是农药在水中的溶解度低。使用的农药水溶解度要低，这样茶叶泡茶后进入茶汤中的农药量就微乎其微；六是无异味。选用的农药在喷施结束并经过安全间隔期后，没有残臭等异味。

根据茶园使用农药的要求，适用农药的主要类型有：沙蚕毒素类农药（杀螟丹）、拟除虫菊酯类农药（氯氰菊酯、溴氰菊酯、联苯菊酯、功夫菊酯等）、硝基亚甲基农药（吡虫啉）、植物源农药（鱼藤酮、苦参碱）和矿物源农药（农用喷淋油、石硫合剂）等杀虫剂，以及杀螨剂（克螨特）和杀菌剂（甲基托布津、多菌灵、波尔多液等）。在选用这些农药时，还应结合国内外茶叶中最大残留限量标准的变化进行调整。例如，性质稳定的石硫合剂、波尔多液等传统农药，在茶叶采摘期间使用对茶叶品质有较大影响，应选择在非采茶季节或非采摘茶园中使用。

性质稳定、残留期过长的农药，剧毒、高毒和具有慢性毒性的农药，有强烈异味、施用后会对茶叶品质产生不良影响的农药，以及对茶树有严重药害的农药，禁止在茶园中使用。这些农药品种主要有六六六、滴滴涕、对硫磷（1605）、甲基对硫磷（甲基1605）、甲胺磷、乙酰甲胺磷、三氯杀螨醇、氧化乐果、氰戊菊酯、五氯酚钠、呋喃丹、杀虫脒、水胺硫磷等。

2. 严格遵守安全间隔期　农药的安全间隔期又称为等待期，是指茶树上最后一次施用农药后，必须等待一定的天数才可以采摘鲜叶。达到这个天数采制的干茶，其农药残留量等于该种农药的最大残留限量标准。因此，按正常剂量喷施农药以后，必须达到安全间隔期后才能采摘茶叶，如此才能保证茶叶中农药残留不超标。另外，不同农药品种的安全间隔期也不相同。

3. 优化农药使用技术　农药的防治效果的发挥和不利影响的减少，都与农药使用技术有着重要的联系。优化农药使用技术主要包括以下内容：

（1）对症下药　即根据农药的性质和防治对象，选择使用农药的品种。对茶尺蠖、茶毛虫等咀嚼式口器的害虫，应选用有胃毒作用的农药，如拟除虫菊酯类农药、植物源农药等；对假眼小绿叶蝉、茶蚜和黑刺粉虱等刺吸式口器害虫，应选用触杀作用强的菊酯类农药或内吸性农药，如吡虫啉等；对茶小卷叶蛾、蓑蛾等有卷苞和虫囊的害虫，应选用强胃毒作用并具有内渗作用的农药；螨类应选用杀卵力强的杀螨剂进行防治，如克螨特等；蚧类应选用对蚧类有效的农药，如吡虫啉等。防治茶树叶部病害，应在发病初期喷施具保护作用的杀菌剂，如硫酸铜，以阻止病菌孢子的侵入，也可选用既具保护作用又有内吸和治疗作用的杀菌剂，如甲基托布津、多菌灵等，既能够阻止病菌孢子的侵入，又可以发挥内吸治疗效果，抑制病斑的扩展和蔓延。

（2）按照防治适期和防治指标，适时施药 防治适期，是指要在害虫对农药最敏感的发育阶段进行施药。例如，蚧类和粉虱类的防治应在卵孵化盛末期（卵孵化84%以上时）施药；茶细蛾应在幼虫潜叶、卷边期施药；茶尺蠖、茶毛虫、刺蛾类等鳞翅目幼虫应在3龄幼虫期前施药；假眼小绿叶蝉应在发生高峰前期、若虫（不完全变态类昆虫的幼虫）占总虫量80%以上时施药。茶树病害应在病害发生前或发病初期施药。茶树主要病虫都有相应的防治指标，如茶尺蠖防治国家标准为每亩4500头；假眼小绿叶蝉的防治指标是夏茶前百叶虫数5~6头或每亩虫量10000头，夏秋茶百叶虫数12头或每亩虫量15000~18000头。因此，喷药还要按照防治指标进行，不能见虫就治。

另外，茶园农药的喷施还应考虑到茶叶的采摘期。假如茶园即将采摘，可以选择安全间隔期较短的农药或采摘后再行喷药。

（3）按规定的使用浓度，适量用药 每种农药防治病虫害的使用浓度是根据田间反复试验获得的，因此应严格按照这个浓度进行施药，不能任意提高或降低浓度。提高农药用量尽管可能在短期内达到良好的药效，但通常会加速抗药性的产生，使防治效果不断下降。

（4）根据茶园中病虫的分布特点，选择相应的最佳施药方式 喜食茶树嫩叶和嫩梢的害虫，如假眼小绿叶蝉、茶蚜、茶橙瘿螨、茶尺蠖等常分布在茶树的蓬面，施药时应采用蓬面喷雾的方法。喜食茶树成叶的害虫，如黑刺粉虱、茶毛虫等主要分布在茶丛中下层，施药时应采用侧位喷雾或仰喷的方法，将茶丛中下层叶背喷湿。蚧类害虫分布在茶树枝干上和叶片上，施药时应将枝干和茶叶正反面均喷湿。此外，应尽量选择低容量的喷雾方法进行施药，因虫制宜。

五、防治茶树病虫使用的农药

1. 波尔多液　波尔多液是由纯硫酸铜 1kg（或 300~350g）、洁白的生石灰 1kg（或 150~175g）、水 50kg 配制而成的 1% 石灰等量式（或 0.6%~0.7% 石灰半量式）的杀菌剂，又名硫酸铜石灰合剂。配制方法是：用 10% 的水溶化石灰（用少量水化开然后加足其余的水），用 9% 的水配制硫酸铜液（将硫酸铜捶碎加少量热水溶解，再加足水量），然后将硫酸铜液慢慢倒入石灰液中（切忌把石灰乳液倒向硫酸铜液中），并用木棍搅拌均匀；或者将硫酸铜石灰分别溶于等量的水中，然后同时将两种溶液缓缓倒入另一空桶中，并用木棍进行均匀搅拌，即可得到天蓝色波尔多液。为避免沉淀失效，波尔多液要随配随用，不可搁置过久。波尔多液的使用时间应在病害发生以前，而且要均匀喷药。秋冬季可喷用 1% 浓度石灰等量式；春夏季可喷用 0.6% 或 0.7% 浓度石灰半量式，预防或制止病害的发生蔓延。喷药后，应隔 25 天左右才能采茶。

2. 石灰硫黄合剂　石灰硫黄合剂，是由 1 份石灰，2 份硫黄，10 份水熬制成的能杀菌治虫的红褐色液体，又名石硫合剂。熬煮时先在锅里放入质量好的生石灰，加上少量水化成粉后，加水调成糊状；在大火下慢慢加入过筛的硫黄粉，搅拌和匀，保持煮沸状态，不断搅拌 40~60 分钟，待药液由黄色变红色再变为红褐色（枣红色），而渣滓开始呈黄绿色时停火，然后用纱布或棕片网过滤即成。假如熬煮过度，药液呈绿色，则会导致药效降低。"石灰块要好，硫黄粉要细，锅要大，火要猛，边煮边搅，一口气煮成枣红色，切莫熬成黄绿色"是熬制石硫合剂的关键。在熬制过程中，消耗的水量须用热水补足。原液冷后，用波美比重计测定浓度，然后根据原液浓度和所需要使用的波美浓度，来决定需要加水的倍数（可在已算好的稀释倍数表中查对）。假如一时没有波美计，无法求出 1kg 原液加水数量时，可采用称重量的办法，即取一空瓶称其重量，装满清水，按照液面高度做一记号称其重量，再减去空瓶重量得出净水重。倒出清水再倒入澄清过滤的石硫合剂原液至标记的清水液面高度，称其重量，再减去空瓶重量得原液重。原液的比重值可由清水重除以原液重得出。

石硫合剂最好随配随用。假如原液用不完，可在小口瓦缸或坛、罐中保存，上面滴少许煤油，以隔离药液与空气，再加盖封存，写明度数备用。假如贮藏过久，使用时需要重新用波美比重计测定原液浓度。石硫合剂原液浓度很高，使用时必须根据茶树病虫种类、气温高低、使用季节等条件决定稀释浓度。目前，为以防治螨类及膏药病等，茶树上应用的浓度波美度大多为 0.3~0.5。另外，由于有强烈的气味，最好在秋冬及不采叶茶园中使用。

3. 松脂合剂　松脂合剂，是用 3 份老松香、1 份烧碱（氢氧化钠）或 5 份松脂、2 份碱，加 10 份水熬制而成，又名松碱合剂。

熬制时先在锅（最好用砂锅）中倒入水，加热至要开时，缓缓放碱，待碱溶化后，将研成粉末的松香逐渐撒入，边撒边搅，保持大火继续熬煮，并随时用热水对蒸发掉的水分进行补充，待松香全部溶化变为黑褐色黏稠液时，停火冷却过滤，即得到松脂合剂原液。由于松脂合剂有很强的黏着性和腐蚀性，因而应用陶器贮存，使用时再根据需要加水稀释。稀释时先用少量温水再加冷水，并不断搅拌，以避免松香凝固发生药害。假如原液已成胶状，可加温溶化后再进行稀释。由于松脂合剂含有游离碱和松香皂等有效成分，对植物有不良影响，因此不宜在高温干旱、阳光充足、树体水分少以及茶树生长势弱时喷药，以免产生药害，适宜在冬季及封园后使用。

4. 棉油皂或棉油泥皂　黄色或黑色固体，是由粗棉油或棉油残渣加烧碱混合熬制成的杀虫肥皂。使用时先切成薄片，再用适量开水溶化，然后对足其余应配的水，搅匀后即可使用。为避免喷头阻塞，应过滤掉杂质及纸屑等。茶树喷药后，间隔 7 天左右后可以

采茶。

5. 微生物杀虫剂——青虫菌和杀螟杆菌 青虫菌和杀螟杆菌是一种微生物杀虫剂，能够杀死很多蛾蝶类幼虫，使虫体瘫痪变黑软化、腐烂死亡，对人畜和植物无害。

工业生产的菌粉是灰白色或淡黄白色的粉末，略有腥味。如果不受潮湿，不被虫伤鼠咬，可贮存数年之久。衡量菌粉质量标准的依据是每克菌粉含活孢子或伴孢晶体个数。目前生产的菌粉含量多为 50 亿~100 亿，使用时应进行稀释，具体根据菌粉规格以及防治对象的有效浓度而定。稀释方式是先用 0.1%肥皂水或茶枯水调成糊状后，再按量稀释。初步试验，青虫菌和杀螟杆菌稀释每毫升含活孢子 0.5 亿~2 亿，可以较强地杀灭茶毛虫、刺蛾、蓑蛾、尺蠖等害虫幼虫。喷菌后害虫逐渐死亡，持续期长达 15 天左右。如果混合少量农药使用，可加速害虫死亡。另外，喷菌致死的虫尸，有继续利用价值。

6. 微生物抗菌剂——农用抗生素放线酮 放线酮又称农抗101，纯品为无色片状结晶，产品有棕色乳剂和灰白色片剂，在中性酸性溶液中比较稳定，遇碱容易分解。

放线酮用药量少，须用微克计算，因此衡量放线酮产品含量标准的依据是每克或每毫升产品中含有多少微克的纯放线酮。目前产品含量 50%左右，使用时的需药量可根据产品含量、使用浓度配水量计算而出。具体计算方法见下列公式：

需药量（g 或 ml）＝ 1000×［配水量（kg）×使用浓度/产品含量］

上式中，1000 表示千克换算成克（因 1kg＝1000g）。放线酮喷后 5 天可采茶。

7. 辛硫磷 辛硫磷又名肟硫磷、倍腈松、腈肟磷，是一种低毒高效，击倒力强，以触杀和胃毒作用为主，无内吸作用的广谱性有机磷杀虫剂，对磷翅目幼虫非常有效。目前生产的剂型有 50%乳剂，经初步测定，500~1000 倍液对小绿叶蝉、小黄卷叶蛾、红褐斑腿蝗、蓑蛾、尺蠖、瘿螨等，4000~6000 倍液对茶蚜和茶毛虫、茶刺蛾、绿刺蛾等幼虫均有很好的杀灭效果。此药由于在阳光下会迅速分解，因而适宜在阴暗干燥处储存，喷药最好在傍晚或夜间进行，喷后 3~6 天可采茶。

第二节 茶园草害防治

杂草的生命力强，能够较好地适应环境，是作物生产体系中自然生长的非目的性植物，对作物和生态具有利弊两方面的作用。杂草的生殖能力、再生能力和抗性都很强，往往具有比作物更强的竞争力。

茶园杂草是在长期适应当地茶树栽培、茶园土壤、气候生态条件下生存的非栽培植物，常与茶树争夺肥、水、阳光等，又是许多病虫害的中间寄主，其泛滥严重危害着茶树的生长。在现代茶叶生产尤其是有机茶生产中，应将杂草作为茶园生态系统中的一个要素进行管理，既要认识到其对茶叶生产的危害性，也要认识到杂草在茶园生态系统中有利的一面。第一，合理管理的杂草一定程度上可以维持土壤肥力，减少土壤侵蚀，提高土壤生物活性；第二，杂草是许多害虫的次生寄主，可以为害虫提供食物，以吸引害虫取食而减轻茶园虫害；第三，杂草或可产生趋避害虫的化合物，或可为害虫天敌提供花粉、花蜜和越冬场所；第四，有些杂草可作为牲畜饲料和有机肥源，有利用价值。因此，在有机茶园管理中，应充分认识杂草既有利又有害的双重性，合理控制，趋利避害，达到促进茶树作物协调平衡发展的目的。

一、主要杂草种类

茶园杂草种类繁多。具体茶园的杂草种类、分布、群落、危害与茶园所处地区、生态条件、耕作制度、管理水平有关。

在浙江，已报道的主要茶园杂草有 86 种，分属 32 科，其中禾本科杂草占 21.9%，菊科杂草占 13.5%，石竹科占 6.3%。马唐、牛筋草、狗牙根、狗尾草、香附子、荩草、马齿苋、雀舌、繁缕、卷耳、看麦娘、早熟禾、马兰、漆姑草、一年蓬、艾蒿等是江浙一带危害严重的主要茶园杂草。

在湖南，已报道的主要茶园杂草有 39 科 132 种，其中以菊科、禾本科种类最多，占全部种类的 24.2%，其次是唇形科、蔷薇科、蓼科、伞形科、石竹科、大戟科，占全部种类的 27.3%。菊科的艾蒿、鼠曲、马兰、一年蓬，禾本科的马唐、看麦娘、狗牙根，蓼科的辣蓼、杠板归，玄参科的婆婆纳，酢浆草科的酢浆草，茜草科的猪殃殃等杂草，不但发生频率高（在 75% 以上），而且具有很大的覆盖度和危害程度。

二、杂草的防治

茶树是多年生作物，茶园田间有害杂草的控制主要采用农业技术措施防治、机械清除、化学防治、生物防治相结合的方法进行。

1. 农业技术措施防治　新垦茶园或改造衰老茶园、荒芜茶园复垦时，必须彻底清除园内宿根性杂草及其他恶性杂草的根、茎，如白茅、蕨类、杠板归、狗牙根、艾蒿等，然后及时清除新生幼嫩杂草。在管理措施上，应覆盖黑色薄膜、遮阳网、作物秸秆等覆盖物，保护土壤，控制杂草生长。对幼龄茶园实行间作，减少杂草危害。含杂草种子的有机肥须经无害化处理，充分腐熟，以减少杂草种子传播。此外，加强有机茶园肥培管理和树冠管理，促进茶树生长，快速形成茶树树幅，是防治行间杂草最好的农业技术措施之一。

2. 机械清除　田间中耕除草、大规模机械化除草、结合施肥进行秋耕等措施，均属于机械清除。中耕除草可采用人工或机械化进行，应掌握"除早除小"的原则。一年生杂草在结实前进行；多年生杂草，应在秋耕时切断其地下根茎，削弱积蓄养分的能力，使其逐年衰竭而死亡，还可进行机械割草覆盖茶园。

3. 化学防治　我国茶园可以推广使用的除草剂品种主要有西马津、阿特拉津、扑草净、敌草隆、灭草隆、异丙隆、除草剂 1 号、除草醚、毒草胺、茅草枯、草甘膦以及地草平、灭草灵、黄草灵、甲基硫酸酯以及氟乐灵等。

夏秋季是茶园杂草危害最严重的时期，其次是春季，南部茶区冬季杂草较少。因此茶园化学除草，第一次最好选择 3 月底到 4 月初进行，第二次可在 5 月进行，进入 7 月以后，如果杂草因伏天多雨而再度滋生，可再喷药一次。

4. 生物防治　目前，国内外研究用真菌、细菌、病毒、昆虫及草食动物来防除农田杂草，已取得一定进展。例如，在生产上普遍应用的利用鲁保一号真菌防除大豆菟丝子；寄生在列当上的镰刀菌——F789 病菌，经新疆试验推广，防治瓜类列当的效果高达95%～100%。此外还有寄生性的锈菌、白粉菌可以抑制苣荬菜、田旋花，如蓟属的锈菌可使蓟属杂草停止生长、80%的杂草植株死亡，商品化生产的棕榈疫霉可防除柑橘园中的莫伦藤杂草。美国、加拿大、日本更出售有商品化生产的微生物除草剂。

利用昆虫取食灭草。例如，尖翅小卷蛾是香附子的天敌，幼虫蛀入心叶，使其萎蔫枯死，继而蛀入鳞茎啮断输导组织。另外该虫还能蛀食碎荆三棱、米莎草等莎草科植物。褐小荧叶甲专食蓼科杂草;叶甲科盾负泥虫专食鸭趾草;象甲科的尖翅筒喙象嗜食黄花蒿,侵蛀率达 82.7%~100%。

在有机茶园中,放养鹅、兔、鸡、山羊等动物进行取食,也能够取得抑制草害的效果。

5. 其他措施 茶园杂草的大量滋长,需要具备两个基本条件:首先是在茶园土壤中存在着杂草的繁殖种子或根茎、块茎等营养繁殖器官;其次是茶园具备适合杂草生长的空间、光照、养分和水分等。茶树栽培技术中的除草措施,主要是以减少杂草种子或恶化杂草生长条件为主,可以很大程度地防止或减少杂草的发生。

(1) 土壤翻耕 茶树种植前的园地深垦和茶树种植后的行间耕作都属于土壤深耕的内容。它既是茶园土壤管理的内容,也是杂草治理的一项措施。在开辟新茶园或对老茶园进行换种改植时进行深垦,可以较好地根除茅草、狗牙草、香附子等顽固性杂草,大大减少茶园各种杂草的发生。一年生的杂草可以通过浅耕及时铲除,但对于宿根型多年生杂草及顽固性的蕨根、菝葜等杂草,以深耕效果为好。

(2) 行间铺草 茶园行间铺草的目的是减轻雨水、热量对茶园土壤的直接作用,改良土壤内部的水、肥、气、热状况,同时抑制茶园杂草的生长。主要作用有三:一是可以稳定土壤热变化,减少地表水分蒸发量,防止或减轻茶树旱热害;二是可以减缓地表径流速度,防止或减轻土壤被冲刷,并促使雨水向土壤深层渗透,增加土壤蓄水量,提高土壤含水率,起到保土、保水、保肥的作用;三是可以增加土壤有机养分,保持土壤疏松,抑制杂草滋生,能够改善茶叶品质,提高茶叶产量。

在茶园行间铺草,可以有效地阻挡光照,被覆盖的杂草会因缺乏光照而黄化枯死,从而使茶树行间杂草发生的数量大大减少。茶园铺草以铺草后不见土为原则,最好把茶行间所有空隙都铺上草,厚度应在 8~10cm。一般来说茶园铺草越厚,减少杂草发生的作用也就越大。草料不能带草籽,可选用不带病菌虫害的稻草、绿肥、麦秆、豆秸、山草、蔗渣等，通常每亩铺草 1000~1500kg。

（3）间作绿肥　幼龄茶园和经过重修剪、台刈的茶园，茶树行间空间较大，可以适当间作绿肥，不仅可以大量增加土壤有机养分含量，改良土壤结构，而且可以增加茶园行间绿色覆盖度，减少土壤裸露，使杂草生长的空间大为缩小。还可以降低地温，降低地表径流，增加雨水渗透。绿肥的种类可根据茶园类型、生长季节进行选择，落花生、大绿豆等短生匍匐型或半匍匐型绿肥适合一至二生茶园选用，三年生茶园或台刈改造茶园可选用乌豇豆、黑毛豆等生长快的绿肥。一般情况下，种植的绿肥应在生长旺盛期刈青后直接埋青或作为茶园覆盖物。

（4）提高茶园覆盖度　提高茶园覆盖度可促使茶叶增产和提高土地利用率，同时对于抑制杂草的生长也非常有效。生产实践证明，只要茶园覆盖度达到 80% 以上，茶树行间地面的光照明显减弱，杂草发生的数量及危害程度大为减少；覆盖度达到 90% 以上，茶行互相郁闭，行间光照非常弱，各种杂草的生长就更少了。

第三节　自然灾害防治

在复杂的自然环境中，茶树除了遭受病虫危害，还容易遭受寒冻、旱热等自然灾害，特别是气候多变的高山区域。这些灾害严重威胁着茶树的生长，往往造成茶叶减产，品质下降，甚至使茶树死亡。因此，了解被害状况，分析受害原因，提出防御措施，进行灾后补救，使茶叶生产的损失降低到最低程度，是茶树栽培过程中的

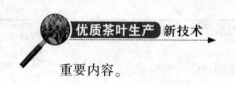

重要内容。

一、冻害预防与救护

当气温下降到茶树不能适应的限度，从而引起茶树遭受伤害或死亡，称为茶树冻害。因地形地貌和栽培管理水平的不同，同一地区的冻害程度会有所差异。例如，高山地和北向阴坡茶园与低山地和阳坡茶园相比，遭受的冻害更为严重；地形曲折的山谷，容易受冷空气下沉或回风的影响，受冻也会较重。

按灾害发生时期，茶树冻害可分为越冬期冻害和晚霜（"倒春寒"）冻害。在越冬期，冻害较轻的茶树，成叶边缘变褐，叶片呈紫褐色；冻害严重的茶树，整株秃枝或枯死。遭受"倒春寒"冻害的茶树，轻者芽叶有焦头焦边或焦点现象，重者芽叶变为黄褐色而枯死。

1. 越冬期冻害的预防措施

（1）繁育抗寒性强的无性系茶树良种，并大力推广　由于本地品种经过多年的种植，适应性强，抗寒性强，因此应立足本地品种繁育无性系良种，从中筛选发芽早、抗逆性强的植株进行繁育和推广。

（2）加强培肥管理，增强树势，提高茶树抗旱能力　充分认识基肥的作用，以"早施重施"为原则，在秋末冬初结合深耕松土施入足量有机肥。

（3）选择合适的修剪时间，掌握好留叶量　轻修剪的原则是"宁浅勿深"，减去细弱枝和秋梢嫩叶（青梗），留养春、夏梢（红梗），同时配合疏花疏果。这样不仅留足了茶树绿叶层，有利于光合作用的进行，而且可以增强树体抵抗力，保证茶树安全越冬。同时，可使次年春茶提早萌发，提高鲜叶产量和名茶效益。

（4）建立防护林带　茶园建立防护林能够降低区域内风速，调节温度，提高湿度，减少蒸发量，使茶园小气候得到明显的改善。尤其是高山茶园，在迎风口种植防护林带可以有效地抵御寒潮袭击。

2. 晚霜冻的预防 晚霜冻对优质茶生产有很大的影响，因此应积极做好预防工作。晚霜冻的预防，除采取越冬期冻害的预防措施，还可采取以下措施。

（1）熏烟驱霜 熏烟是利用"温室效应"的原理，在茶园空间形成烟雾，减少热量的辐射扩散，对预防晚霜冻有明显的效果。具体方法是：在冻害来临之前，根据风向、地势、面积设堆，气温降至2℃左右时点火熏烟。

（2）喷水洗霜 当冻害危害时，有水源及喷灌设施的茶园可以通过喷水，洗去附在茶树芽叶上的霜。

（3）覆盖防霜 在低温寒潮来临之前，在蓬面覆盖稻草、杂草、遮阳网等物，以帮助茶树抵御霜冻。

（4）送风防霜 可在茶园田间内装设特殊的大功率风扇，以起到防止霜害的作用。

3. 冻害救护 对遭受冻害的茶园，应及时采取补救措施，尽快恢复茶树生机，以减轻冻害造成的损失。

（1）登枝修剪 在芽梢萌发前，应根据受冻情况对茶园进行适当修剪。对冻害程度较轻和原来采摘面良好的茶园，采用轻修剪，修剪程度宁轻勿深，尽量保持采摘面，下剪部位通常在枯死部位的水平线下2~3cm处；为避免养分消耗过多，应及时剪除遭受"倒春寒"冻伤的芽梢，以促进新梢萌发；对受冻害严重的茶树，应进行深修剪或重修剪，甚至台刈。

（2）浅耕施肥 在越冬期冻害发生后，要重视春芽催芽肥，施肥量应在原来的基础上增加20%左右，同时配施一定量的磷、钾肥；茶树在萌芽期受冻害后，可在春芽鱼叶至第一叶展开时，喷施叶面肥，促进茶芽萌发及新梢生长，使茶树恢复生机。

（3）培养树冠 在春芽采摘时，受冻后经过轻修剪的茶树应留一片大叶，夏秋茶可按常规采摘。受冻后经过重修剪或台刈的茶树，则应以养为主。

二、旱、热害预防与救护

旱害是指由于水分不足，茶树的生长发育受到抑制或死亡。热害是当温度上升到茶树本身所能忍受的临界高温时，茶树不能正常发育，产量下降甚至死亡。

1. 旱、热害的症状　旱、热危害通常发生在高温干旱季节。在高温干旱的笼罩下，土壤水分迅速减少，茶树开始出现受害症状。首先受害的是树冠蓬面叶片，具体表现为：越冬老叶或春梢的成叶，叶片主脉两侧的叶肉泛红，并逐渐形成部位不一、但界限分明的焦斑。随时部分叶肉红变与支脉枯焦，继而逐渐从内向外围扩展，由叶尖向叶柄延伸，主脉受害，整叶枯焦，叶片内卷直至自行脱落。同时，枝条下部成熟较早的叶片出现焦斑焦叶，顶芽、嫩梢也相继受害。由于体内无法供应充足的水分，导致茶树顶部萎蔫，生育无力，嫩叶短小轻薄，卷缩弯曲，色枯黄，芽焦脆，幼叶容易脱落，对夹叶大量出现，茶树发芽轮次减少。随着高温旱情的持续，植株受害程度不断加深、扩大，最终干枯死亡。

热害能够很快造成植株枝叶产生不同程度的灼伤干枯，但危害时间一般较短，仅几天左右，是旱害的一种特殊表现形式。茶苗受害是自顶部向下干枯，茎脆，轻折易断，根部逐渐枯死。如果根部还没死，一遇降雨或灌溉，新芽又会从根颈处抽发。

选育抗逆性强的茶树品种是茶树防御旱、热害的根本措施，同时应加强茶园管理，改善和控制环境条件，密切注意干旱季节旱情的发生与发展——旱前重防，旱期重抗。

2. 新建茶园时的防御措施

（1）选用耐旱良种 良种是生产的最关键因素。对于容易遭受旱、热害的茶区，应选用抗旱、耐热的茶树品种。

（2）合理密植 种植密度过高的茶园，其旱害程度往往比种植密度稀的严重。原因在于种植密度高的茶园，茶树旺盛的蒸腾作用需要耗费大量的水分，水湿条件无法满足茶树生长需要，常引起群体与个体的矛盾激化，易遭受旱、热害。

另外，还应根据茶园实际情况建立灌溉系统。

3. 现有茶园的防御措施

（1）加强培肥管理，提高茶树抗旱能力 春茶生产消耗了茶树体内大量的养分，应及时给予补充。在春茶结束后、旱季来临前，应进行深度为 5~10cm 的中耕除草，以减少地面水分的蒸发与消耗，提高土壤保水能力。并适时追施速效肥料，每亩施复合肥 15~20kg，也可喷施 2~3 次多元素液肥或 0.5% 尿素，增加茶树养分吸收与贮存，提高抗逆力。另外，此时也是小绿叶蝉和螨类高发期，应根据虫情适时选用高效、低毒、低残留的广谱农药加以防治。习惯在春茶后修剪的茶区，应掌握在"梅雨"前进行，避免剪后就进入旱季，加速旱害的发生。

（2）茶园灌溉 灌溉是解决旱情最为直接有效的方法。水源充足且有条件进行灌溉的茶园，可以利用灌溉对土壤进行补水，并降低土壤温度，达到防旱抗旱的目的。可在清晨、傍晚进行喷灌、滴灌、浇灌。大部分山区茶园可采用建蓄水池，在雨季时蓄足水，旱时作为灌溉、喷药、喷肥用水。

（3）种遮阴树，改善生态环境 可在茶园行间种植乌桕、杜英等阔叶树种作为遮阴树，每亩 5~8 株，也可茶果间作，改善茶园小气候。

（4）茶园铺草与遮阳网遮阴 茶园铺草的作用前面已有过叙述。有条件的平地、缓坡地茶园，旱季还可用遮阳网遮阴，以离地

1.8~2m搭架。为便于茶园管理和采摘，遮阳网最好高出茶树蓬面50~60cm。

（5）以养为主，合理采摘　夏秋季以生产中低档茶叶为主，经济效益通常不会太高，应以留养为主，实行适时采摘和分批采摘的原则，留叶采，保留一定的绿叶层，切忌采用"一扫光"的采摘方法。

4. 旱、热害救护　旱情过后，应根据枝条干枯程度对遭干旱危害的茶树分别进行深修剪、重修剪或台刈，施足肥料，行间铺草，使受害茶树迅速恢复生机，促进新梢萌发。同时采取各种措施抑制茶树开花结果，减少生殖生长的营养消耗。第二年春茶，对改造后的茶树以培养树冠、恢复生机为主。为尽快恢复树势，可采取留叶采摘的办法，同时加强病虫害防治工作。已经旱死的茶树，应将原旱死茶苗剔除，然后补种上同一品种的茶苗，并做好防旱保苗工作。

第四节　有机茶园的综合防治措施

茶园是一个树冠郁闭、小气候相对稳定的特殊生态环境。茶树是一种多年生木本作物，四季常青，树冠密集，树幅宽大，植株大多不高，一经种植可连续生产数十年甚至上百年。在以往茶园病虫草害防治过程中，茶农主要依赖于化学农药和除草剂，忽略了其他措施的协调。通常只注重病虫草害本身的防治，忽视了茶园环境的作用，只重视治的手段而放松了防的措施，导致茶园生态平衡遭到破坏，引起茶园病虫区系不断发生变化，危险性害虫愈发猖獗，草害依然严重，残留量、抗药性等问题日益突出。在现代有机茶园病虫草害防治过程中，采用不使用化学农药和除草剂的有效方法，重建、恢复、保持茶园良好的生态环境显得尤为迫切和关键。

在有机农业体系中，茶园病虫的生态控制是茶树病虫草害综合防治的基本原理，即按照生态学的基本原则，充分了解茶园生态环境中的各种有利和不利因素，从病虫、天敌、茶树及其他生物和周围环境整体出发，充分发挥以茶树为主体、茶园环境为基础的自然调控作用。在充分调查、掌握茶园生态系统及周围环境的生物群落结构的基础上，研究各种生物与非生物因素之间的联系，掌握各种有益生物种群和有害生物种群的发生消长规律及相互关系，综合应用农业技术防治、物理机械防治、生物防治和化学防治措施，创造不利于病虫繁殖滋生而有利于天敌繁衍的环境条件，将茶树病虫草害控制在经济阈值的允许以下。

一、农业技术防治

在茶叶生产过程中，茶园栽培管理是最主要的技术措施，也是病虫防治的重要手段，具有预防和长期控制病虫的作用。因此，在农业技术措施的设计和应用上，一方面要满足茶叶生产的需要，另一方面要充分发挥其对病虫害的调控作用。

1. 维护和改善茶园生态环境 茶叶生产实践说明，大规模的单一茶栽培会使群落结构及物种单纯化，容易诱发专食性病虫害的猖獗。病虫害暴发概率较小的茶园，通常其周围植被丰富、生态环境较好；病虫害容易流行和扩散的茶园，一般是大面积单一栽培的茶园，特别是大面积单一品种栽培的茶园，如茶饼病、茶白星病、假眼小绿叶蝉等在大面积茶园中往往发生较重甚至成灾。另外，一些豆科绿肥可以作为线虫的诱集植物，诱导线虫在不适当的时候孵化，孵化后及时沤制或翻埋可致线虫死亡。所以，从有机农业的原理出发，茶园应避免大面积单一种植，做到多品种合理搭配种植，同时周围应保持以树林、牧草、绿肥为主的丰富植被。为此，新辟茶园可以向生物多样性丰富、生态环境良好的山区发展。采取"大集中、小分散或小集中、大分散"和"山顶戴帽子，山脚穿鞋子，山腰围裙子"等多种发展模式。

2. 选用和搭配不同的茶树良种，增强茶树抗病虫能力　选育并推广抗性品种是防治病虫害的根本措施之一。我国茶园过去主要是丛植群体品种，这些茶树对当地的气候与环境有很强的适应性，基因多样性丰富，综合抗性较好，但生长参差不齐，嫩梢色泽混杂，品质很难整齐划一，无法适应现代经济生产的要求。因而，近几十年来，许多无性系良种被选育并大力推广。在选育和推广茶树良种的过程中，必须注意其抗性以及不同抗性品种的搭配，充分利用优异地方品种本身和优异地方品种的抗性基因，尽量避免生物间协同演化对抗性的不利影响。

3. 适时翻耕，合理除草　土壤不仅是很多天敌昆虫的活动场所，而且是很多害虫越冬越夏的场所。例如，刺蛾类在土中结茧、尺蠖类在土中化蛹、角胸叶甲在土中产卵，并且很多病害的叶片也掉落在土表。适时翻耕可以使土壤通风透气，促进茶树根系生长和土壤微生物的活动，破坏地下害虫的栖息场所，方便天敌入土觅食，并将土表的病叶或害虫卵深埋在土下，使其腐或死亡，而且夏季的高温或冬季的低温可将暴露在土表的害虫直接杀死。翻耕通常在秋末结合施肥进行；丽纹象甲、角胸叶甲幼虫发生较多的茶园，也可在春茶开采前结合除草翻耕一次。对于茶园恶性杂草，必须以人工翻挖的方式彻底清除，而对于不会对茶叶生产产生经济危害的一般杂草，则不必除草务净。茶饼病、茶白星病危害严重的茶园，可配合使用腐殖酸、增产菌等进行叶面施肥。

4. 合理修剪，控制枝叶上的病虫　茶树病虫害的发生是多方位的，例如，小绿叶蝉、蚜虫、茶细蛾、茶饼病、白星病、芽枯病等主要发生在表层的采摘面和中下层的幼芽嫩梢上；很多蛀干虫、蚧类、地衣、苔藓等主要发生在中下层的枝干上；而云纹叶枯病、藻斑病等主要发生在成熟的叶片上。寄生在枝叶上的病虫，可以通过不同程度的轻修剪、深修剪、重修剪剪去。一年一度的轻修剪，对抑制小绿叶蝉、茶细蛾很有好处。蓑蛾类初孵幼虫有明显的发生危害中心，通过轻修剪可将群集在叶片背面的虫囊剪去，而在蓑蛾大发生后期，枝干上的虫囊则需通过重修剪才能剪去。介壳虫、黑刺粉虱危害严重的衰老茶园，可以进行重修剪甚至台刈，彻底清除茶丛中下部枝叶上的病虫。

5. 及时采摘，抑制芽叶病虫的发生　芽叶营养丰富，是茶叶采收的对象，但也是茶树病虫发生较严重的部位。多种危险性病虫害，如蚜虫、小绿叶蝉、茶细蛾、茶附线螨、橙瘿螨、丽纹象甲、茶饼病、茶芽枯病、茶白星病等，都主要发生在幼芽嫩梢上。采摘既可以恶化这些病虫害发生和蔓延的营养条件，又能够破坏害虫的产卵场所和减少病害的侵染寄主。例如，小绿叶蝉，成虫和若虫均刺吸新梢芽叶的汁液，卵也产在新梢表皮组织内，通过及时采摘，防治率可达到90%以上；食叶性害虫喜欢取食幼嫩的叶片，如茶尺蠖、茶毛虫等，及时采摘也可抑制它们的发生。采摘要按照采摘标准及时分批多次采摘，并尽量少留叶。对于病虫芽叶，要实行重采、强采，但不要和正常芽叶混在一起。如果春暖早发，要相应提前采摘时期。

二、物理机械防治

物理机械防治是指应用各种物理因素和机械设备来防治病虫害的办法，主要是利用害虫的趋性、群集性和食性等习性，通过光、色和信息物等诱杀或机械捕捉来防治害虫，包括诱集与诱杀、阻隔、分离及利用温湿度、放射线、高频电流、超声波、激光等以不同作用原理为基础的多种措施。

1. 灯光诱杀 灯光诱杀是利用害虫的趋光性，设置诱虫灯，不仅可以用来预测，而且能够直接杀灭害虫。目前常采用的是具有光、波、色、味四种诱杀作用的频振式杀虫灯。灯挂在高出茶园蓬面0.5m左右的地方，利用高频电流杀死害虫。开灯时间通常以晚上7~12时为宜，在闷热、无风雨、无明月的夜晚诱虫较多。由于灯光诱杀有时也会把天敌诱来，因此应尽量避开天敌高峰期开灯，或对诱虫灯做些改进。为防止杀伤天敌，一年中开灯的时间应以科学的病虫监测为基础，准确掌握主要害虫成虫羽化的高峰期，在高峰期开灯诱杀，其他时间尽量少开。

2. 食饵诱杀 食饵诱杀利用害虫取食的趋化性，用食物制作饵料，将某些害虫诱杀，如糖醋诱杀液。糖醋诱杀液可用糖、醋、黄酒调成（比例为4.5∶4.5∶1），放入锅中微火熬煮成糊状糖醋液，倒入盆钵底部少量，并涂抹在盆钵的壁上，将盆钵放置在茶园里，略高出茶蓬，卷叶蛾等具有趋化性的成虫会飞来取食，接触糖醋液后被粘连致死。地老虎等幼虫和蝼蛄可用谷物或代用品炒香后制成饵料诱杀。另外，将干草垛或杨树枝堆在茶园里，也可诱杀一部分害虫。

3. 色板诱杀 色板诱杀是在田间设置有色粘虫板，诱杀对色泽有偏嗜性的茶蚜、黑刺粉虱、假眼小绿叶蝉等害虫的成虫，如黄板对茶树黑刺粉虱具有较强的诱杀效果。一般在害虫成虫羽化高峰前期，每亩放置诱虫色板15~20张，色板位置高出茶树蓬面10~15cm。

4. 性信息素诱杀 昆虫雌虫分泌到体外以引诱雄虫前去交配的微量化学信息物质，称为昆虫性信息素。通过这种物质的交流，即性信息素的传递，昆虫之间的交配求偶才得以实现。根据这一原理，人们利用现代技术，人工合成性信息素——性外激素，制成对同种异性个体有特殊吸引力的诱芯，结合诱捕器配套使用。在田间释放，诱集和诱捕雄性昆虫，从而使害虫产卵量和孵化率大幅度降低，进而达到防治的目的。目前，茶毛虫、棉铃虫、梨小食心虫、桃小食心虫、二化螟、小菜蛾等农业重要害虫的性信息素已被国内外成功合成，并取得了显著的经济、生态效益。

三、生物防治

茶园天敌资源非常丰富，但由于过去对化学农药的盲目使用，致使茶园天敌种类与数量纷纷锐减。在茶园生态系统中，茶树、病虫种群和天敌种群有着相互依存、相互制约的关系，以食物链关系来达到平衡。然而茶园是一个以人类经济目的为主的人工生态系统，这种平衡往往是脆弱的、动态的，很容易被外来因素干扰和破坏。在有机茶园虫害生态控制中，天敌是最直接而强大的自然力量。

尽管天敌和害虫同时发生在茶园里，但很多茶农对天敌防治害虫的重要性和有效性没有充分的认识，导致茶园鸟类、青蛙、蛇等天敌被大量捕杀。因此，加强宣传，提高茶农对生物防治意义的认识非常重要。可通过科技咨询、科技服务、开办培训课等形式，利用标本、挂图、实物向茶农介绍常见天敌的种类、作用、效果和保护措施，使茶农自觉保护和利用茶园病虫害天敌的意识得到提高。保护和利用天敌资源，开展生物防治，一般可从以下几个方面进行。

1. 给天敌创造良好的生态环境 在茶园周围种植行道树、防护林或采用茶果间作、茶林间作、幼龄茶园间种绿肥，夏冬季在茶树行间铺草等措施，都可以给害虫天敌创造良好的栖息、繁殖场所。为减少天敌的损伤，进行茶园耕作、修剪、采摘等人为干扰较大的农活时，应给天敌一个缓冲地带。对于生态环境较简单的茶园，可以通过设置人工鸟巢的方式，招引和保护鸟类进园捕食害虫。在茶园行间设置一些草把或在附近行道树上绑草，让天敌在里面越冬越夏，对保护蜘蛛尤为有效。如果发现有害虫在草把里，也可以集中消灭。在幼龄茶园，可以通过种植绿肥和覆盖作物，改善天敌的生存繁衍条件。

2. 结合农业措施保护天敌　茶园修剪、台刈下来的茶树枝叶，先在茶园附近集中堆放，待大部分天敌飞回茶园后再行处理。人工采除的害虫卵块、虫苞、护囊等可先放在有沿的坛子中，坛沿放水，使害虫无法逃生，而寄生蜂、寄生蝇类却可飞回茶园。

3. 人工助迁和释放天敌　天敌与害虫之间存在一种追随现象，害虫发生多的茶园往往也有较多的天敌，但一旦将害虫控制下去后，天敌的食物来源就会受到影响。为此，应做好两方面工作：一方面要预先进行多样性设计，为天敌保存一些替代食源；另一方面应按时进行人工帮助迁移。对于害虫大发生的地块，可以从别处助迁天敌来取食。人工释放天敌包括常见的捕食性天敌昆虫（如瓢虫、草蛉、猎蝽等）以及蜘蛛和寄生蜂等。也可先将一部分天敌饲养在室内，然后再释放到茶园中去，也可用柞蚕、蓖麻蚕、米蛾卵大量培养寄生蜂，等害虫大发生时在茶园释放，任其自然寄生。假如茶园靠近居民区，可饲养鸡鸭寻食害虫。

4. 微生物治虫　茶园中普遍存在着大量的微生物，白僵菌、虫生真菌、苏云金杆菌、各种专化性病毒等微生物可以在茶园很好地扩散，造成再感染和流行，是可用于茶树病虫害防治的主要微生物。

（1）真菌治虫　真菌主要是通过孢子飘落到昆虫体壁上，孢子发芽后侵入昆虫体壁内并产生大量菌丝体，吸收昆虫的营养，破坏昆虫的体壁结构、释放毒素而致使昆虫死亡，致死昆虫虫体僵硬、长出不同色泽的霉状物。目前，已从茶树害虫体上分离到白僵菌、绿僵菌、拟青霉、韦伯虫座孢菌、头孢霉等数十种真菌，对鳞翅目、同翅目、鞘翅目等害虫有较好的防治效果。由于真菌孢子的正常生长发育需要适温高湿的条件，因此，在相对湿度较高或雨后的天气条件下，温度在 $18 \sim 28℃$ 的喷施效果较好。如果在茶园中喷施 0.1 亿~0.2 亿个/毫升的白僵菌孢子液，对茶毛虫、茶尺蠖、茶卷叶蛾类的防治效果可达 70% 以上。

(2) 细菌治虫 细菌主要通过害虫取食，感染茶蚕、尺蠖、刺蛾、茶毛虫等鳞翅目食叶幼虫。细菌通过昆虫口腔进入消化道，然后侵入昆虫血液，破坏血淋巴，引起"败血病"。由于它能感染家蚕，因而不能在周边有桑园的有机茶园使用。苏云金杆菌类（简称Bt）是应用最广的细菌，有青虫菌、杀螟杆菌、苏云金杆菌、7216等许多变种。Bt 具有成本低、繁殖速度快、易大量生产的优点。目前产品较多，但各个产品的菌种不一，对各种害虫的防效差异较大。因此，必须根据不同的害虫筛选菌种和生产不同产品。使用细菌，对环境条件没有很严格的要求，但应避免在 18℃ 以下的低温天气和阳光强烈的高温天气条件下使用。喷施时，应喷湿害虫取食的部位。通常喷施 3 天后幼虫开始大量死亡，7～10 天可达到最大的防治效果，但有的药效较慢的产品，要到化蛹前才死亡。

(3) 病毒治虫 病毒也是经昆虫口腔进入体内，大量复制繁殖病毒粒子，消耗昆虫体液、散发出病毒素引起昆虫死亡。目前，茶树上已发现数十种害虫病毒。病毒治虫的优点是：病毒的保存时间长、有效用量低、防治效果高、专一性强、对天敌没有伤害并具有扩散和传代的作用，不会对有机茶园生态系统产生任何副作用，因而是一项前景光明的生物防治措施。迄今研究应用较多的有茶尺蠖、油桐尺蠖、茶毛虫、茶刺蛾、扁刺蛾核型多角体病毒（NPV）；茶小卷叶蛾、茶卷叶蛾颗粒体病毒（GV）。这些病毒简便的生产和使用方法是：将少量病毒液喷射在幼虫密度大的茶园里，待田间出现大量死亡幼虫时收集虫尸；或室内饲养大量幼虫，至中龄期用浸渍有病毒液的叶片喂养 2～3 天，待幼虫开始死亡后每天收集虫尸。将收集到的虫尸标记数量后放入瓶内，然后加入少量水，避光保存在室内阴凉的地方或放在冰箱里。待田间幼虫危害时，将此虫尸取出并研碎，经纱布过滤，滤液加水稀释成病毒液。在田间 1～2 龄幼虫期，每公顷喷施 500～700 头虫尸的病毒量，可收到 90% 以上的防治效果。

每毫升病毒液所含的虫尸数，可根据总虫尸数和加水总量计算得出。

目前，茶尺蠖病毒制剂、茶毛虫病毒制剂、病毒 Bt 混剂等产品已经商品化生产，可供有机茶生产基地应用。使用单种病毒制剂应该在虫口密度较小的 4 月至 7 月上旬、8 月下旬至 10 月使用，即在 1~2 龄幼虫期喷施。原因是幼虫取食病毒后有较长的潜伏期，通常 10 多天后才开始死亡，死亡前还会危害茶树，引起减产，所以防治策略是抓住虫口密度较小、发生整齐的第一代防治，每年喷施一次就可以控制年内其他各代的发生。使用时需将原液充分摇匀后再稀释，使用后要将安全采摘间隔期适当延长。由于幼虫是通过取食遭病毒感染的，因此，喷施时必须喷湿害虫的取食部位。

四、合理使用植物源和矿物源农药

在有机茶生产中，为预防或控制茶树病虫害暴发，必要时可以使用植物源和矿物源农药。但任何农药都有特定的副作用，植物源和矿物源农药也不例外，因此必须要有限制地谨慎使用，并特别注意使用方法。例如，预防性的用药主要在封园后使用，控制病虫害暴发用药要掌握在害虫抗药性较低的生长时期使用，并将安全采摘间隔期适当延长，通常在 20 天以上。

第六章

茶叶采摘的
科学方法

第一节 茶叶采摘要求

茶叶采摘是茶树栽培的收获过程，又是茶叶加工的开端，是联系茶树栽培与茶叶加工的纽带。茶叶采摘的好坏关系着茶叶产量的高低、品质的优劣，同时影响着茶树的长势和经济寿命，因此茶树采摘远比一般大田作物的收获复杂。

一、采摘原则

茶树的生长发育、茶叶的产量和品质均与茶叶采摘有着密切的关系，合理采摘就是使树势、产量和品质三方面都处于长期的优势状态，以获得经济效益的最大值。由于我国茶类繁多，各地种茶条件各异，采摘制度多种多样，因而对合理采摘并没有统一的标准。从目前茶叶生产现状和对多数茶类而论，合理采摘应掌握的原则有下面几点：

其一，从新梢上采下来的芽叶必须适应所制茶类加工原料的要求，能够适当兼顾同一茶类不同等级或不同茶类加工原料的要求。为达到提高经济效益的目的，应尽量采摘制作高中档茶原料，少采或不采低档茶原料。

其二，采摘可以不断促进新梢发芽，保证茶树正常而旺盛的成长，同时增强树冠面新梢的密度和强度，能够使年采摘次数增加，从而在采摘期内持续不断地取得高产优质的效果，并有效地延长茶树的经济年龄。

其三，通过采摘来调节产量和品质的矛盾，并合理安排当地采摘劳力，提高劳动生产率。

合理采摘，就是正确掌握好采摘标准、采摘时期以及采摘方法等，做到"按标准、及时、分批、留叶采"。

二、采摘标准

茶叶采摘标准取决于茶类对新梢嫩度与品质的要求和产量因素。我国茶类丰富多彩，品质特征各具一格，鲜叶的采摘标准也存在较大差异，概括起来可以分为细嫩标准、适中标准和成熟标准。

1. 细嫩标准　细嫩指茶芽初萌发或初展 1~2 嫩叶时就进行采摘的标准。例如，特级龙井要求为 1 芽 1 叶，芽比叶长，长度在 2.5cm 以下；一级龙井为 1 芽 1~2 叶（初展），芽比叶长，长度在 3cm 以下。

2. 适中标准　适中是目前优质红茶、绿茶最普遍的标准。当新梢伸展到 1 芽 3~4 叶时，采下 1 芽 2~3 叶及同等嫩度的对夹叶。这个标准的茶叶产量相对较高，品质较好，经济效益也比较高。

3. 成熟标准　为保持传统特种茶独特的香气和滋味，等新梢充分成熟、顶芽形成驻芽后，采下 2~3 叶或 3~4 叶对夹，或者将新梢全部进行采割，作为制茶原料。这是当前我国一些特种茶所应用的标准，如乌龙茶和黑茶等。

同时，茶树的树龄和生长势也应在制定茶树采摘标准的考虑范围内。例如，幼年茶树在最初 1~2 年通常只养不采，3~4 年开始打顶轻采；树势生长良好的成年茶树，可按采摘标准开采。假如茶树生长势衰弱，则适当留养，实行轻采。

另外，由于各茶区的气候条件不同，新梢的生育强度也各不相同，制定采摘标准必须与茶树新梢生育强度和气候条件相结合。在年生育周期内的同一类茶园上，可以在不同时期有不同的采摘标准，制造不同的茶类，以提高品质、产量和经济效益。例如龙井茶区，清明前后主要是采摘高标准龙井原料，谷雨前后主要是采摘中档龙井原料，立夏前后则以采摘低级别龙井或炒青原料为主。

三、采摘时期

有农谚说："早采三天是个宝，晚采三天变成草。"茶树的季节性很强，不违农时及时抓住开采时期与各批次的采摘周期，适时停采，是采好茶的关键。采摘时期是指茶树新梢生长期间，根据采摘标准，留叶要求，掌握适宜的年、季开采期，采摘周期及停采期。

1. 开采期　由于我国各茶区气候条件不同，开采的时间也差别很大。即使在同一地区，也因茶树品种等的不同而没有一致的开采期。通常认为，在手工采茶的情况下，茶树开采期宜早不宜迟，以略早为好。当茶园中有5%的新梢达到采摘标准，甚至更低的比例，就可以开始采摘。

云南茶区通常多在2月下旬至3月上旬开采，长江中下游地区则在3月下旬至4月上旬开采，而靠北的山东胶南地区由于萌芽开始在4月下旬，因而开采期相对较迟。在同一茶区，一般早芽种开采早，迟芽种开采迟。以养为主的幼年茶树，采摘轻，开采迟；以高产为目的的成年茶树，采摘重，开采早。

2. 停采期　茶园停采期又称封园期，适用于我国茶树新梢生长具有季节性的广大茶区，是指在一年中，结束一年茶园采摘工作的时间。停采期的迟早，关系着当年产量、茶树生长以及下年产量的多少。因此，必须根据当地气候条件，管理水平，青、壮、老不同茶树年龄的实际生长期，可采轮次等，制定出不同的停采期，不宜统一停采。例如，管理好、树势壮、留养好、早霜期较迟的茶园，停采期可略微推迟。为增加当年产量，一般可采至最后一轮或提前一轮结束，茶区通常可采到白露或秋分左右；树势弱、管理差、早霜期早或需要继续培养树势的茶园，为留养秋梢，可适当提前 1~2 轮结束，以扩大树冠或复壮树势，达到提高或稳定来年产量的目的。江南茶区的停采时间通常在 10 月上旬，根据杭州茶叶试验场的经验，如果在采 10 月秋茶时出现炒青 6 级原料，应少采或不采，不然会出现增产不增值。南方的广东茶区，则可采到 12 月。而在海南岛，如果肥培管理条件较好，同时年年进行轻修剪，则没有固定停采期，全年皆可采茶。

3. 采摘周期　茶树新梢生育具有轮次性。不同品种茶树的发芽有早有迟，即便是同一品种或同一茶树，发芽也因枝条强弱的不同而快慢有别。甚至同一枝条也由于营养芽所处的部位不同，不可能在一致时间发芽。一般情况下，主枝先发，侧枝后发；强壮枝先发，细弱枝后发；顶芽先发，侧芽后发。根据茶树发育不一致的特点，通过分批多次采，做到先发先采，先达标准的先采，未达标准的后采，是提高茶叶产量和质量的重要措施。

旺采期茶的采摘周期因茶树品种、气候、肥培管理等条件而不同。萌芽速度快的品种，不能间隔太长时间；气温高，茶芽生长快，采摘周期应短；肥培管理好，水肥充足，生长较快，可相应增加采摘批次。

总之，采摘技术是生产优质茶的一项重要技术手段，是优质茶品质的重要保证。因此，对鲜叶的采摘技术必须非常重视。

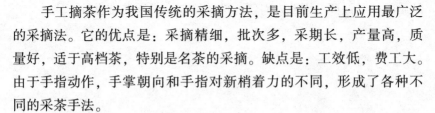

第二节 手工采摘方法

建设茶园、种植茶树的主要目的就是采收茶叶，由于茶树是多年连续采收的农作物，合理的采摘不仅影响当年茶叶的产量、质量，而且关系到今后茶叶的收成，因此采摘方法非常重要。除了一些特种茶，我国的茶叶采摘至今还多为手采。尤其在名优茶产区，不同的采摘手势、不同的采摘标准，为各式名优茶提供了生产的原料。

手工采茶的正确方法有掐采、提手采、双手采等。近年来，由于劳动力紧缺等原因，产区出现了捋采、抓采等不科学的采摘方法，手工采茶的质量普遍下降，对茶叶成品质量与茶树树势生长都产生了不利影响，必须加以纠正。

一、手工采摘技术

手工摘茶作为我国传统的采摘方法，是目前生产上应用最广泛的采摘法。它的优点是：采摘精细，批次多，采期长，产量高，质量好，适于高档茶，特别是名茶的采摘。缺点是：工效低，费工大。由于手指动作，手掌朝向和手指对新梢着力的不同，形成了各种不同的采茶手法。

1. 采摘方法　打顶采摘法（图 6-1）：等新梢即将停止生长或新梢展叶 5~6 片叶子及以上时，采去 1 芽 2~3 叶，留下基部 3~4 片以上大叶。为促进分枝、培养树冠，采摘时应把握采高养低、采顶留侧的要领。一般每轮新梢采摘 1~2 次。

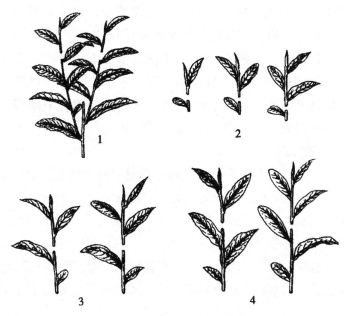

图 6-1　不同留叶采摘法示意图

1. 打顶采摘法　2. 留鱼叶采摘法

3. 留一叶采摘法　4. 留二叶采摘法

留叶采摘法：当新梢长到 1 芽 3~4 叶或 1 芽 4~5 叶时，采去 1 芽 2~3 叶，留下基部 1~2 片大叶。因留叶数量和留叶季节的不同，此法又分为留一叶采摘法和留二叶采摘法等，具有采养结合的特点。

留鱼叶采摘法：当新梢长到 1 芽 1~2 叶或 1 芽 2~3 叶时，采下 1 芽 1~2 叶或 1 芽 2~3 叶，只把鱼叶留在树上。此法以采为主，是一般红、绿茶和名茶的基本采摘方法。

2. 采茶手法

（1）掐采　又名折采，左手按住枝条，用右手的食指和拇指夹住细嫩新梢的芽尖和一二片细嫩叶轻轻地用力掐下来。凡是打顶采、撩头采都采用这种方法。此法采量少，效率低，是采名贵细嫩茶最常用的方法。

（2）提手采　掌心向下或向上，用拇指、食指配合中指，夹住新梢要采的节间部位向上着力投入茶篮中。又分为直采和横采两种，直采是用拇指和食指夹住新梢的采摘部位，手掌掌心向上，食指向上稍为着力，所采的芽叶便落在掌心上，摘满一手掌后随即放入茶篮中；横采手法与直采相同，唯掌心向下，用拇指向内左右摘取索要采摘的芽叶，或用食指向内向上着力采摘芽叶。此法是手采中最普遍的方法，目前大部茶区的红、绿茶，适中标准采，都采用此法。

（3）双手采　左右手同时放置在树冠采摘采面上，运用提手采的方法，两手互相配合，交替进行，把合标准的芽叶采下，具有采茶速度快、效率高的优点。掌握双手采方法的关键在于锻炼，主要经验是：思想集中，眼到手到，采得准、采得快，手法快而稳，不落叶、不损叶。双手操作时，两手不能相隔过远，两脚位置要适当，自然移动。此法主要用于优质茶生产，不适合只采芽或 1 芽 1 叶的名茶生产。

3. **按标准及时采**　茶树的新芽可以不断萌发，采期长，可以多年、多季和多批次采摘。一方面，将符合标准的新梢及时采下，可以加速腋芽与潜伏芽的萌发，缩短采摘间隔期，使茶叶产量得到有效提高。另一方面，茶叶采收的季节性很强，从春茶中后期开始至秋茶期间，气温较高，芽叶生长快，符合要求的新梢如不及时采下，芽叶就会老化，品质变差。因此，实行按标准及时采茶，是茶园优质高产的重要保证。

及时采茶没有统一的标准，应根据实际情况的变化适时调整。具体来说，一是看气温变化。特别是春茶期间，更要引起注意；二是看降雨情况。夏秋季气温较高，如果降水量多，则茶芽萌发多；三是看新梢生长状况。每亩茶园有 2～3kg 鲜叶可采时，可进行撩头采，如有 10%～15% 的新梢符合采摘标准，即为开采适期。

4. **分批多次采**　茶树发芽是不一致的，因此应当分批进行采摘，以使加工的鲜叶原料整齐均匀。分批采茶还有利于采摘、加工的劳力安排与茶厂的合理利用。受品种、气候、土壤、肥培水平、所加工的茶类等因素的综合影响，茶园一个茶季或一年的采摘批次有所不同。例如，同等条件的茶园，采摘大宗绿茶的批次就比采摘名优绿茶要少；气温平常的年份的采摘批次就比春季气温相对较高的年份要多。目前，在专业生产龙井茶的产区，全年采摘为 20~36 批，其中春茶采摘 5~12 批，夏茶采摘 4~8 批，秋茶采摘 10~16 批。

二、名茶采摘

我国有琳琅满目、各具特色、品质优异的名茶，这些名茶大都以鲜叶细嫩、均匀著称。名茶包括优质茶的采摘标准非常严格，原则上是晴天采，雨天停，并且不采焦边叶、病虫叶、瘦弱叶、紫芽叶、单片叶、鱼叶、雨水叶、冻伤叶及老叶。采摘时宜用拇指和食指捏住芽叶，轻轻向上提采或折断，不能用指甲切采，采下芽叶轻放于竹篓、竹篮中，防止挤压和重压，达到细、嫩、匀、净、新鲜、完整、成朵的采摘标准。

各种名茶都有独特的品质风格，对鲜叶原料也各有特定的要求，加上精湛特异的加工工艺，所以在采摘嫩度和时间上仍有很大不同。

君山银针、蒙顶石花等名茶以采芽为对象。君山银针采摘要求很严，应选清明前后的晴天上山采摘，鲜叶用特制的小竹篓盛装，篓底垫纸，以防磨损茸毛，芽头要求粗壮重实，每个茶芽长约 2.5cm，采时用手指轻轻将芽折断，为减少细胞破伤，不能用指甲掐采，同时要求做到"十不采"：雨天不采、细瘦芽不采、紫色芽不采、风伤芽不采、虫伤芽不采、开口芽不采、空心芽不采、过长芽不采、过短芽不采、有病弯曲芽不采。采回后应进行选择，将杂劣叶剔除，然后交付加工。蒙顶石花的采摘也非常讲究，采时采芽尖，不带真叶和鳞片，留鱼叶。

西湖龙井、洞庭碧螺春、信阳毛尖、安化松针、黄山毛峰、高桥银峰等名茶，要求芽叶细嫩、大小一致，因而均以1芽1叶或1芽2叶初展的细嫩芽叶为采摘对象。

高级龙井茶采1芽1叶，炒1kg"明前龙井"需7万~8万个茶芽。采摘标准因级别不同而不同。传统的龙井茶生产，清明左右采摘高档茶（特一、特二、特三）原料，采1芽1叶初展，芽长于叶，长度1.5~2.0cm；谷雨前后采摘1级、2级、3级茶原料，采下的芽叶长度约为2.5cm；谷雨之后采摘4级茶以下的龙井茶原料，采下的鲜叶为1芽2~3叶和同等嫩度的对夹叶。由于现代科技的发展进步，加上新品种与新栽培技术的应用，龙井茶的开采期大为提前，如大棚茶园可在元宵节左右开采。然而无论何时采收，各档鲜叶原料均应大小均匀，不能采碎，不带蒂头。鲜叶要用竹篓盛装、竹筐贮运，轻采轻放，以免重力挤压鲜叶，确保鲜叶质量。"偏早嫩采"可以有效保证龙井茶的优异品质。根据茶区的气候条件，春茶通常在茶树刚吐露几个新芽的嫩尖时就开采，即便树冠面上还是深绿色的老叶，俗称为"摸黑丛"。

碧螺春茶采摘的要求也很高，通常1kg高级碧螺春，需要细嫩"雀舌"12万~14万个。

在我国名优茶生产中，采摘要求最为严格的是太平猴魁，有"四拣八不要"的原则。"四拣"为拣山、拣棵、拣枝、拣芽。拣山指采茶时拣高山、阴山的茶园；拣棵为拣生长旺盛的茶蓬；拣枝是拣挺直苗壮的幼枝；拣尖则要求拣匀整1芽2叶。鲜叶采回后，要按1芽2叶的标准一朵一朵地进行选择、剔除，做到"八不要"：无芽不要、过小不要、过大不要、瘦不要、弯曲不要、色淡不要、紫色不要、病虫危害芽不要，以保证芽叶大小一致。而且要在清晨蒙雾中采摘，雾退即收工，通常只采到上午10时。

安徽的六安瓜片等名茶以采嫩叶为对象。瓜片选采新梢的单片叶制成。采摘分为两个过程：一是采片，指在谷雨到立夏之间，从茶树上选取将成熟的新梢，将新叶片按序采下，梗留在树上。但往往带嫩茎一起采下。二是攀片。采回的鲜叶要经过攀片，使芽、茎、叶分开。攀片的目的是对鲜叶进行精细的分级，将老嫩叶分开，便于炒制，并使品质整齐一致。方法是将采回的鲜芽叶摊放在阴凉处，待叶面湿水晾干，用手一一攀下梢上的第一叶到第三第四叶和茶芽，第一片制"提片"，品质最佳；第二片叶制"瓜片"，品质比提片稍次；第三第四片叶制"梅片"，芽制"银针"。

第三节　机械采摘技术

对大多数茶区来说，茶叶生产中耗工最多的一项工作就是采茶。在采摘大宗茶的产区，采茶所需用工量占总用工量的60%以上，而且有很强的季节性，必须及时采摘才能保证茶叶的产量与品质。

随着茶叶生产专业化程度以及茶园面积和单产水平的不断提高，为更好地提高茶园的经济效益，茶园采茶实现机械化已经迫在眉睫。据研究，在每亩产干茶200kg的茶园中，单人手提式采茶机，切割幅度325mm，一般比人工采提高工效20倍左右，台时工效可达40~50kg鲜叶；双人采茶机，切割幅宽910mm，工效又可比单人采茶机提高4倍，台时工效可达225kg鲜叶。由此可见，实行机采可以明显提高工效，降低生产成本。同时，机采茶叶的质量能达到较高水平，明显优于手工粗放采摘的茶叶。

一、机械采摘的基础条件

1. 茶园条件　符合机械采摘的茶园应是平地或坡度不超过15°的缓坡条栽茶园，梯级茶园梯面宽在2m以上；茶园的种性较纯，发芽整齐，生长势强；树高保持60~80cm，行间保留15~20cm。三次定型修剪后的新种植茶园，也可采用机械采摘。投产已有较长时间的生产茶园，或因其他原因导致树势衰败的茶园，应先通过重修剪等措施进行改造，待符合要求后再实行机械采摘。

2. 采茶机械选型及配套　采茶机械有许多不同的类型，应根据茶园的实际条件，区分是幼龄茶园还是生产茶园，合理地选用采茶机。双人抬式采茶机适用于平地茶园和缓坡茶园；单人操作的小型采茶机械较为适合坡度较大的茶园；以扩大树冠为主的幼龄茶园，适宜用平型采茶机；以采摘鲜叶获取产量为主要目的的生产茶园，应该选用弧型采茶机（平型树冠的茶园只能选用平型采茶机）。另外，机采茶园一般采用修剪机进行轻修剪。修剪机的选型应与采茶机相配套，即平型采茶机配平型修剪机，弧型采茶机配弧型修剪机。

3. 机手与操作人员的业务培训　机械采茶的技术性较强，参加机采工作的机手及操作人员事先必须经过技术培训。培训内容主要包括：机采茶园的树冠培育与肥培管理技术；机械的结构、性能及使用；机械常见故障的排除；茶园采茶与修剪的田间实际操作技术等。培训合格后，机手及操作人员才可以进行实际采摘工作。

二、机械采摘的技术环节

1. 机采适期、批次及留叶　生产大宗红、绿茶的茶区，春茶期间当有80%的新梢符合采摘标准、夏茶期间当有60%的新梢符合采摘标准时为机采适期。春茶机采之前，可以先用手工采摘法采下早发芽，用以加工名优茶，提高茶园的经济效益。机采茶园的采摘批次较少，通常春茶采摘 1~2 次，夏茶 1 次，秋茶 2~3 次。由于长期机采会产生叶层变薄、叶形变小等现象，影响茶树的生长发育。因此当叶层厚度小于 10cm 时，应在秋季留一轮新梢不采或留 1~2 张大叶采。

2. 机械采茶的作业方法

（1）采茶铗　使用采茶铗采茶时，左右手分别握住下方与上方的刀片木柄，右手同时抓住集叶袋的出叶口，先靠左侧向前采收，到茶行终点后，接着靠另一侧往回采收，即一条茶行分两次在两侧采茶。

（2）单人采茶机　单人采茶机的操作需要两人配合，一人双手持采茶机头采茶，另一人提集叶袋协助机手工作。采茶时，机头在茶行蓬面做"Z"形运动，从茶行边部向中间采，分别在两侧各采一次。采摘作业时，通常采用机手倒退、集叶手前进的方式在茶行间行走。一般 1 台单人采茶机约可管理茶园 25 亩。

（3）双人采茶机　双人采茶机通常需要 3~4 人共同工作，包括 1 名主机手、1 名副机手和 1~2 名集叶手。采茶时，主机手与副机手分别在茶行的两侧，主机手背向机器前进方向倒退作业，并掌握机采切口的位置；副机手面向前进方向，与主机手保持 40~50cm 的距离，使采茶机与茶行保持 15°~20°的夹角；集叶手的主要工作是协助机手采茶或装运采下的茶叶，应走在主机手一侧的茶行间。每条茶行在两侧来回各采一次。一般 1 台双人采茶机约可管理茶园 80 亩。

3. 机采茶园的配套修剪制度

（1）掸剪　机采茶园在机采后，由于萌发较迟的茶芽徒长等原因，常引起采摘面上部分枝叶突出。为使采摘面平整，保证下次机采的质量，每次机采后 1 周左右应进行一次掸剪，将树冠面突出的枝条剪去。

（2）轻修剪　机采茶园每年春季应采用机械进行深度为 3~5cm 的轻修剪，目的是维持茶树的生长势，调节发芽密度。

（3）深修剪　茶树经过连年机采，树冠上层形成密集的细弱枝，叶层变薄，茶树的生长势明显变弱，需要采用深修剪的办法来恢复树势，修剪深度通常为 10~20cm。

（4）重修剪　茶树经过长期的机械采摘后，分枝衰退，生长势减弱，产量和品质均显著下降。在这种情况下，应对茶园进行离地 30cm 左右的重修剪。

4. 各类茶园的具体采法

（1）茶树定型修剪期采摘法　将处于规定修剪高度以上 15cm 的芽叶按 1 芽 3 叶标准采下，如果芽已硬化粗老，可酌情采 1 芽 2 叶，甚至 1 芽 1 叶。

（2）幼龄茶园采摘法　第三次定型修剪后至最后定型（90cm）期间，坚持以养为主，打顶轻采。即当新梢长到 1 芽 4~6 叶时，留 2~3 片真叶采 1 芽 3 叶。为培养树幅，采摘时应注意采高养低、采密养稀、采内养外、采瘦养壮、采中间养四边。

（3）正式投采茶园采摘法　轻修剪后，新梢生长到 1 芽 4~5 叶时，采 1 芽 3 叶、1 芽 2 叶、1 芽 4 叶初展。未修剪的茶园当新梢生长到 1 芽 3~4 叶时，留一片真叶采 1 芽 3 叶、1 芽 2 叶，此后根据情况分别采用留一片真叶或留鱼叶采。每次采摘，都应及时采净对夹叶。年终最后一批茶叶，采后就修剪的，不留叶全部采下嫩叶，另行加工；采后封园的，留一片真叶。为降低茶树营养消耗，每季采茶结束时应对细弱密集的芽叶翻蓬搜采，使茶蓬松散、通风透光。

（4）多次补种缺株的茶园采摘法　由于茶园多次补缺，树龄不一，高幅参差。小茶树都处于不同的定型修剪时期，应予留养不采或区别大小打顶。打顶时对低分枝、外围枝要严格控制，不能将小茶树的芽一扫而光。同时应划分出生长差的地段留养，并派专人在留养期间对其中的大茶树进行拣采。

三、机械采摘对茶叶产量和质量的影响

　　机械采摘与手采在产量上没有太大的差别，但由于机采采摘的批次较少，单次采摘的强度较大，因此会对茶树生育有较大的影响，最终反映在茶叶的产量和质量上。现有的采茶机，不能进行选择性的采摘，采摘时存在鲜叶老嫩不一，芽叶破碎率较高等弊病，所以机械采摘的鲜叶品质往往不及手工采摘。

　　机采对鲜叶品质的影响，与茶园、茶树品种、茶树树冠平整度、机采人员操作熟练程度及肥培管理等关系十分密切。目前，由于生产水平和条件所限，机械采摘在名优茶的生产中的应用还比较少，要使机器能较好地用于名优茶采收，必须提高茶园无性系良种化水平，并从种下茶树后就严格按一定的树冠培养模式进行修剪，茶园的土壤要平整，每次机采前的树冠面都应经过整齐一致的修剪，操作机器的工人要有熟练的技能，采回的鲜叶可以有效地进行分级处理，等等。如果各方面配合得当，机采叶的质量能符合加工成名优茶的原料要求，将会对名优茶的生产带来质的变化。

第四节　鲜叶保鲜处理

　　鲜叶采回后，采摘管理人员需要从几个方面进行验收：原料整体是否符合制茶的要求；同一批鲜叶大小、色泽是否一致；鲜叶是否成朵、不碎，有无红变。如果达不到要求，应及时处理。

一、鲜叶要求

鲜叶由芽和叶片组成，可分为芽、1芽1叶、1芽2叶、1芽3叶、1芽4叶等规格，又分为"初展""开面""对夹叶"等规格。鲜叶是茶叶生产的原料，只有优质的鲜叶才能制出优良的茶叶，因此鲜叶是影响茶叶品质的重要因素。鲜叶嫩度、匀净度和新鲜度是衡量鲜叶的主要质量指标，其中以嫩度最为重要。

鲜叶嫩度是决定鲜叶等级的主要指标，指芽叶发育的程度。通常根据加工的茶类和品种选择采摘的嫩度，一般细嫩的鲜叶，制成茶叶体形小巧，商品价值高。嫩度越来越高是当前名优茶加工的一大趋势，因而有些地区只采芽茶，用小巧的形体和优美的外观赢取市场的青睐，以获得极高的经济效益。

鲜叶的匀净度主要指鲜叶不夹带其他杂物，长短、大小、老嫩均匀一致。例如，名优茶要求鲜叶匀净度好，老嫩一致，大小一致，芽叶完整、不破碎，不含不符合标准的芽叶，不含老叶、茶果、病虫害叶、冻伤叶、鱼叶、鳞片以及非茶夹杂物，以利于加工成形质兼优的名优茶。在茶园采摘时，同一地块的采摘标准应保持一致。如果老嫩不匀，则不便于初、精制加工。

鲜叶的新鲜程度即是鲜叶新鲜度。鲜叶从茶树上采下后，仍然保持呼吸作用，释放出大量热量，促使鲜叶内的糖类分解。假如产生的热量没有及时散发，叶温就会升高，酶活性增强，内含的有机物质进一步分解，多酚类物质氧化，鲜叶发生红变。假如鲜叶堆积过紧、缺氧不透气，鲜叶可能由有氧呼吸转化为无氧呼吸，糖分转化为醇类，产生水闷味和酒精味，从而失去新鲜度及原有的理化特性，甚至可能腐烂变质，不再具有加工饮用价值。为保持茶叶的新鲜度，首先采摘时应避免抓伤茶叶，其次是在运输过程中不能紧压或损伤茶鲜叶，防止升温；最后要求加工厂有充足的摊青场地，保证储存的鲜叶不会升温变质。

　　鲜叶的分级主要取决于鲜叶的嫩度。名优茶的鲜叶要求较高，往往以一种芽叶组成，如单芽、1 芽 1 叶初展等；而大宗茶鲜叶由于往往是各种芽叶混合组成，很少是单纯一种芽叶。因此一般用芽叶组成来确定鲜叶级别。分级通常由各生产企业自行决定，有些企业规格定得比较详细；有些企业规格定得比较简单，只讲以 1 芽几叶为主，占总重量的百分比。

二、鲜叶处理

　　鲜叶处理是鲜叶管理工作的重要组成部分，指鲜叶采下后到炒制前的过程，包括鲜叶验收、运输及处理等方面。鲜叶从树上采下后，并没有停止生命活动，仍在继续着呼吸作用，并放出大量热量，消耗部分干物质，如果不采取必要的管理措施，轻则鲜叶失去鲜爽度，重则产生水闷味、酒精味，使鲜叶变质，无法加工名优茶，甚至失去饮用价值。因此，鲜叶处理非常重要。

　　1. 摊放　鲜叶采下后就进行炒制，制成的干茶有青臭气。因此，运至加工厂后，鲜叶应按品种、老嫩度、晴雨叶、上午叶、下午叶、阴坡叶、阳坡叶、青壮龄叶分开摊放。

　　摊放可以使鲜叶的理化特性发生轻微的变化，叶质变得柔软，方便加工，利于品质的提高；茶多酚、儿茶素因轻微氧化而含量有所下降，可以减少成茶的涩味，提高醇度；蛋白质水解，氨基酸含量增加，散发部分青草气的芳香物质，增加香气。

　　粗壮、含水量高的鲜叶或露水叶，不经摊放就炒制成的干茶往往颜色发黑、团块多而表面粗糙。而经摊放后再炒制成的干茶，色泽翠绿、无团块、表面光洁，品质明显提高。并且摊放可以提高工效、节省能源，降低炒制成本。例如，手工炒制一级龙井茶的青锅，每锅投叶 150 克，不经摊放的鲜叶需要在 75～80℃ 的温度下炒制 17

分钟，而炒制摊放后失水在 10%～15% 的鲜叶仅需要 15 分钟。

鲜叶摊放的具体方法是：将采回的鲜叶及时均匀地摊放在坐南朝北、阴凉通风、清洁避光的竹匾、竹席或光洁的地板上，厚度通常为 3～5cm，摊放程度必须达到失水率 10%～15% 的标准，摊放时间通常为 8～24 小时。为使鲜叶水分均匀地散出，摊放 4～6 小时应轻轻翻叶 1 次，翻叶过重会损伤芽叶，产生红变，影响成茶品质。假如天气干燥，茶叶来不及炒制，可以不翻叶，但应关闭门窗。摊放若干小时之后，一部分鲜叶由于失水较多，开始干瘪，可以用手轻轻抓起，先行炒制。

鲜叶细嫩的高档名优茶，应堆放在软匾、簸篮或篾垫上，而不宜直接堆放在水泥地面上。摊放厚度要适当，气温低的春季可以适当摊厚些。摊放的环境的空气相对湿度应在 90% 左右，室温在 15℃ 左右，叶温不宜超过 30℃。

2. 分筛　名优茶的采摘要求非常严格，然而不管采得如何精细，仍难免会有部分芽叶被采碎，同时也会混入少量不符合采摘标准的芽叶。因此，为了便于炒制，提高品质，必须在炒制之前对原料进行分筛。

分筛一是因为大小不同的鲜叶需要不同的炒制温度。二是因为如果用大、中两种鲜叶需要的温度炒制，必然使小的鲜叶因锅温太高而炒焦；反之，如果用中、小两种鲜叶所需的温度炒制，则会使大的鲜叶因达不到要求的温度而产生红梗红叶。进行分筛，可以做到分开炒制，使大、中、小三种鲜叶制成外形大小均匀的干茶。大的鲜叶可尽量做得紧一点、小一点，小的鲜叶可做得宽扁一点、大一点，如此炒制出采的干茶拼和后大小均匀，外形美观。

另外，成年茶树的鲜叶，梗子细、叶张薄，炒制时温度应该低一些，不能与幼龄茶树的叶张厚、芽头大、梗子粗的鲜叶混在一起炒制，否则会使前者因温度太高而出现焦边，后者因温度不够高而出现红梗红叶。阳坡茶树的鲜叶，色泽亮绿，芽短粗，节短，叶片着生角度大，阴坡茶叶与之正好相反，平地茶叶色绿且发乌，如果将三者混在一起炒制，制成的茶叶往往长短不一，色泽复杂。

三、鲜叶保鲜

鲜叶从茶树母体上采摘下来后，呼吸作用在一定时间内仍然继续进行。随着叶内水分不断散失，水解酶和呼吸酶的作用逐渐增强，内含物质不断分解转化而消耗减少。一部分可溶性物质转化为不可溶性物质，水浸出物减少，使茶叶香低味淡，品质降低。

温度升高、通风不良、机械损伤是导致鲜叶变质的主要因素。保持低温和适当降低鲜叶的含水量是鲜叶保鲜技术的两个关键条件。在鲜叶运送和鲜叶摊放贮存过程中，如果管理不当，就会引起鲜叶劣变，影响茶叶的品质和产量。

1. 鲜叶的运送　优质茶加工对鲜叶有严格的要求，所以鲜叶的运输必须使用清洁的运输工具。鲜叶在装载前必须对运输工具进行清洁以保证干净，并做好清洁的记录。在运输过程中，要用专用的茶筐和茶篓（鲜叶篓应是硬壁，有透气孔，每篓装叶不超过20kg）盛装鲜叶，注意防止挤压、机械碰撞及其他物质污染鲜叶。到达加工厂后，应及时将鲜叶摊放在干净的竹席或摊青用具上。不同地块的鲜叶应分别放置，不得混淆，并放好标识以便区分，加工时应分别按地块加工。

2. 鲜叶的贮存管理　从鲜叶采摘到初制，相隔时间越长，鲜叶的新鲜度越差，内含有效成分的损失越多。因此鲜叶进厂验收分级后，应立即进行初制，最好做到现采现制。如果因客观条件限制，无法及时初制时，必须采用低温贮存。

贮存鲜叶的地方应该满足阴凉、湿润、空气流通、场地清洁、无异味污染等要求。有条件的企业可设专门的贮青室。

贮青室要求坐南朝北，不受太阳直接照射，保持室内较低温度，最好是有一定倾斜度的水泥地面，以便于冲洗。贮青室面积一般按 $20kg/m^2$ 鲜叶计算。

鲜叶摊放以 15~20cm 为宜，每隔 65cm 左右开一条通气沟，雨露水叶要薄摊通风。在鲜叶摊放过程中，每隔 1 小时应翻拌一次。翻拌的动作要轻，不要在鲜叶上乱踩，最大程度减少鲜叶机械损伤。

鲜叶存放时间一般不宜超过 12 小时，表面水多的雨水叶可以适当多摊放一些时间，然后初制。如果鲜叶出现发热红变，应迅速薄摊，并立即分开加工。

3. 透气板贮青设备　在普通的摊叶室内开一条长槽，槽面铺上用钢丝网或粗竹篾制成的透气板，槽的一头设一个离心式鼓风机。每块透气板长 1.8m、宽 0.9m（也可以根据具体情况设计尺寸），可以连放 3 块、6 块或 12 块，也可以几条槽并列，间距 1m 左右。根据板的块数、槽的长短选择鼓风机的功率、大小。给鼓风机的电动机设定时间，可按需要每隔一定时间自动启动电动机进行鼓风。鲜叶可堆放 1~1.5m，每平方米可贮存鲜叶 150kg 左右。无需人工翻拌。摊叶和初制送叶均采用皮带输送或气流运送，既节省人工，又减少厂房面积，可以比较有效地解决贮青困难。

采摘最好在上午 9~10 时前结束，这样可以保证鲜叶入库不会有较高的田间热。采收的鲜叶要迅速移至冷藏库，装入事先准备好的纸质包装箱中，放在库内的货架上。由于在高风速及高风压的情况下，鲜叶水分蒸发速度较快，因此最好不要用裸露的包装，而应选用封闭式的包装。为了方便散热，可以在纸箱的四面打一些小孔。

试验表明，鲜叶在 1℃ 条件下可以贮藏 10~12 天，不仅不会降低质量，而且能够提高制茶品质。为方便茶叶集中入库并有足够的冷量降低温度，一些采摘比较集中的地区需要相应地建设大型库，并且选用较大的机器设备。

优质茶叶生产新技术

第七章

优质茶叶
加工技术

第一节 名优茶加工技术概述

采下的茶树鲜叶必须经过加工才能成为饮用的茶叶产品，所以茶叶加工环节在茶叶生产中非常重要，不仅影响茶叶品质的发挥，而且对茶叶的安全性指标影响甚大。

优质茶和名茶统称为名优茶。优质茶是茶叶中的优质产品，是在同类茶叶中品质上乘、有品牌、有产量的商品。名茶是在独特的生态环境条件、优良的茶树品种、精湛的采制工艺技术等综合因素相结合的条件下形成的具有品质优异、色香味俱佳、风格独特、有相当的产量、有一定的知名度、被国内外消费者所公认的商品茶，是茶叶中的珍品。

按照加工过程，茶叶加工技术可分为粗加工（初制）和精加工（精制）。鲜叶经粗加工成为毛茶，如红毛茶、绿毛茶等，毛茶经精加工成为精茶（成品茶）。另外，按照鲜叶加工方法的不同，又可分为杀青茶和萎凋茶两大类。根据氧化程度的轻重，杀青茶类可分为绿茶、黄茶和黑茶三类。根据萎凋程度的轻重，萎凋茶类可分为乌龙茶、红茶和白茶三类。

1. 摊放 摊放是名优茶制作前鲜叶处理（轻度萎凋）的重要过程，主要有两方面作用：一方面蒸发部分水分，使叶质变得柔软，易于在炒制过程中造型，同时由于水分蒸发，杀青锅温稳定，容易控制杀青质量，也节省人力和能源；另一方面鲜叶摊放过程中，随着水分的蒸发，会产生茶多酚轻度氧化、水浸出物和氨基酸增加、叶绿素减少等一系列的生物化学变化。这些变化可以改进干茶色泽、茶汤色香味及叶底等，显著提高名优茶的品质效果。

2. 杀青 杀青是利用高温迅速破坏酶的活性，制止多酚类化合物的酶性氧化，以防止叶子红变，保持绿茶清汤叶绿的品质特征，是绿茶加工的第一道工序，同时具有散发水分、挥发青草气、增加香气、柔软叶质的作用。杀青温度、投叶量、杀青时间、杀青方法等是影响杀青质量的主要因素，这些因素之间互相制约、互相影响，只有配合适当才能达到充足、均匀的杀青目的。

杀青适度标准：含水量60%左右；叶色由鲜绿变暗绿，叶表失去光泽；叶子柔软不粘手，手握芽叶成团，抛之即散；折梗不断，无红梗、红叶；青草气消失，清香显露。

3. 萎凋 萎凋是制红茶和白茶的第一道工序。在萎凋过程中，鲜叶发生叶态萎缩、叶质变软、叶色变暗等物理变化。随着这些物理变化，叶细胞失水，细胞膜透性增大，酶活性增强，促进部分酶性氧化，蛋白质、淀粉、原果胶部分水解。氨基酸、单糖、水溶果胶以及芳香物质的变化，为茶叶外形和色、香、味的形成创造了条件，有利于红茶、白茶品质的形成。萎凋的主要工艺因素有温度、湿度、通风量、时间等。萎凋过程中的水分变化和化学变化与这些工艺因素有非常重要的关系。因此为达到制茶品质的要求，各工艺因素之间必须协调配合。

萎凋方法主要有自然萎凋和人工控制萎凋两种。自然萎凋可分为室内自然萎凋和日光萎凋，人工控制萎凋又分为传统的加温萎凋和萎凋槽萎凋两种。室内自然萎凋是把鲜叶摊放在专门萎凋室内的萎凋帘进行萎凋。日光萎凋是将鲜叶摊放在竹帘（竹垫）上，直接在日光下晒，借太阳光的热能促使鲜叶水分蒸发及叶内发生化学变化，达到萎凋目的。传统的加温萎凋是在萎凋室内四周分放火盆，以提高室内温度的方法来加快鲜叶萎凋的速度，但往往因室温不均匀而影响萎凋叶质量。萎凋槽萎凋是将叶子摊放在萎凋槽内，采用鼓冷风进行自然萎凋，或采用鼓热风进行加温萎凋。目前，萎凋槽萎凋在生产上使用最广，具体使用方法如下。

（1）叶厚度　通常为 15~20cm，每平方米槽面大约可摊 15kg 鲜叶，每条槽可摊 220~240kg 鲜叶。

（2）控制温度和萎凋时间　气温低、湿度大的情况下，可加温萎凋，温度要控制在 35℃ 以内，掌握前高后低，萎凋结束前 15~20分钟，不加温而吹冷风散热；气温达 30℃ 以上、湿度小时，可以吹冷风萎凋。根据工艺要求，萎凋时间通常为 6~8 小时。

（3）萎凋风量　在 10m×1.5m 的槽面上，需要萎凋的风量为每小时 16000~20000m。风压为 3.5~5.1 千帕。

萎凋适度的叶片的特征是叶质柔软、叶面起皱纹、叶茎折不断、叶色暗绿而无光泽、青草气减少，具体可凭感官判断。经水分检验，适度萎凋的含水量因制作工艺不同而不同。一般情况下，工夫红茶为 58%~64%（春茶为 58%~61%，夏秋茶为 61%~64%），红碎茶传统制法为 61%~63%，转子机制法为 59%~61%，CTC 制法为68%~70%，LTP 制法为 68%~72%。

4. 揉捻　揉捻是通过不同的方法，在力的作用下将萎凋叶或杀青叶塑造成各种特定的形状和内质的过程，对提高成品茶的品质具有重要的作用。手工揉捻或小型揉捻机揉捻是大多数名优茶的常用的两种揉捻方法。由于外形和内质风格要求不同，各类名优茶的揉捻工艺有很大的差别，有的茶叶须揉捻，有的茶叶不经揉捻。以占名优茶比例较大的名优绿茶为例，除少数有独立的揉捻工序，大部分都结合杀青、造型、干燥等作业，在适宜的温度条件下塑造出合乎规格品质要求的茶叶。在揉捻过程中，揉捻工艺的掌握必须根据鲜叶嫩度、制茶类型、叶量、时间、压力等因素而定，遵循"嫩叶轻揉，老叶重揉""轻、重、轻""抖揉结合"的原则，以保证外形和内质达到特定的规格。特别是高档名优茶，操作不当极易产生外形走样、条形短碎、叶色发暗、白毫脱落等。揉捻适度标准是芽叶

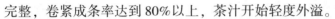

完整，卷紧成条率达到80%以上，茶汁开始轻度外溢。

名优茶的揉捻（包括造型）没有统一固定的模式。为达到名优茶特定的品质要求，应随着叶片水分的变化、形状的形成和内质的要求，随时变换手法，控制揉捻的时间、压力等因素。

5. 发酵　发酵是红茶形成色、香、味品质特征的关键性工序。茶叶发酵的进程是萎凋叶通过揉捻（揉切）力的作用，造成叶组织损伤，茶多酚与酶类相接触，在氧的参与下进行激烈的酶促氧化，形成黄色物质、红色物质和其他深色物质，其中黄色物质为茶黄素，红色物质为茶红素，具有红艳明亮的汤色和浓、强、鲜的滋味。茶黄素和茶红素的含量和比例是发酵程度的重要生化指标。

无论采用哪种发酵方法，都必须满足茶多酚的酶性氧化反应所需要的温度、湿度和氧气量，通常发酵最适温度为 $25\sim28℃$ ，空气相对湿度为90%以上，耗氧量为 $4\sim5L/（kg\cdot h）$ 。目前，通气发酵设备在各地得到普遍应用，效果很好，能够控制发酵进程，提高红茶品质。发酵程度的掌握受内因和外因等多种因素的影响，内因包括品种、嫩度、含水量、揉捻程度、叶片破碎度等，外因包括温度、湿度、通气量、摊叶厚度等。一般情况下，工夫红茶稍重，红碎茶稍轻；春茶稍重，夏秋茶稍轻。

观察叶色与嗅香气是检验发酵程度的主要方法，通常白天以看叶色为主，夜间以嗅香气为主，两者结合。发酵达到适度，立即上烘，固定品质。

6. 做青　做青包括晾青和摇青两部分，是形成乌龙茶特有品质特征的关键，是奠定乌龙茶香气滋味的基础。做青的目的是使鲜叶的水分在萎凋过程中逐渐蒸发，控制生物化学变化，随着摇青过程，叶片互相碰撞摩擦，引起叶缘细胞部分组织损伤，使空气易于进入叶肉组织，促进茶多酚的氧化，从而引起复杂的化学变化，形成乌龙茶特有的汤色、香气和滋味。

做青时，必须使叶片的物理变化和化学变化得到均衡的发展，才能促使叶片中心为绿色、叶缘良好地发酵变红（通常称为绿叶红镶边）。通常在萎凋时是以物理变化为主，而化学变化是在摇青和晾青过程发生的。其主要表现为茎梗里的水分通过叶脉往叶片输送，梗里的香味物质随着水分向叶片转移，叶片水分继续蒸发，化学变化伴随着水分蒸发同时进行，绿色逐渐减退，边缘部位逐渐变红。经过 4~5 次摇青和晾青的交替进行，完成做青过程。

摇青应掌握的原则是"循序渐进"：转数由少到多，用力先轻后重，摇后摊叶先薄后厚，晾青时间先短后长，发酵程度由短渐长。可根据产地、品种、鲜叶、季节、气候、晒青程度等具体情况灵活掌握做青工艺。做青室最好保持温度在 25℃左右、空气相对湿度在 80%左右。温度较高，做青时间要缩短。在高温高湿天气时要薄摊轻摇。对叶质肥厚、水分多的叶子，要多次轻摇。易红变的品种要少摇多晾。

茶农经验认为，做青的适宜程度可以通过"一摸二看三闻"来掌握。"一摸"是摸叶片，外观硬挺，柔软如棉，有温手感为适度；"二看"是看叶色，叶脉透明，叶缘及叶尖呈红色，叶表出现红点，整体叶色由鲜绿转为暗绿、黄绿、淡绿为适度；"三闻"是闻香气，在工艺过程中青草气逐渐消退，散发出浓郁的花香。

7. 闷黄　闷黄在杀青之后进行，是形成黄茶品质的重要工序。由于各种黄茶有着不同的品质风格，进行闷黄的先后也有所不同，可分为两种：一种是湿坯闷黄，在杀青后或揉捻后进行；另一种是干坯闷黄，在初烘后进行。虽然各种黄茶堆积闷黄阶段先后不同，方式方法各不相同，时间长短不一，但都要达到茶黄汤、黄叶、香气清锐、滋味醇厚的效果。

闷黄过程起主导作用的，是在湿热作用下促进闷堆叶内的化学变化。主要的化学变化有：

①在湿热作用下分解和转化叶绿素，减少绿色物质，显露黄色物质；转化糖及氨基酸，增加挥发性醛类，形成黄茶芳香物质。

②茶多酚非酶性氧化，保存较多的可溶性多酚类化合物含量，

提高茶叶的香气和滋味。在堆积闷黄的过程中，这些变化综合地形成了黄茶特有的色、香、味等品质特征。

8. 干燥　在茶叶加工过程中，干燥是各类茶叶加工的最后一道工序，也是决定茶叶品质的重要因素之一，不容忽视。干燥作业的主要作用是：除去茶叶中的水分，使茶叶含水量达到 5% 左右的标准；破坏酶的活性，制止酶性氧化的进行；随着水分的逐渐蒸发，增加茶叶湿坯的可塑性，从而利于塑造各类茶特定的外形；利用干燥的不同加热方法，促进叶内的热化学变化，使茶叶产生香气，各类茶不同风格的香味也因此形成。

茶叶干燥的方法有很多种，目前主要有炒干和烘干两种。炒干可分为锅炒炒干和滚筒炒干，烘干可分为烘笼烘干和烘干机烘干。种类不同的名优茶，采用的干燥方法也不相同。例如，红茶和烘青型的名优茶都是用烘干法，一般采用 2 次干燥，中间摊凉；炒青型的名优茶是在锅内同时进行造型和干燥，造型完成，则干燥结束；半烘炒的名优茶是用烘炒结合，通常是先炒后烘，大都采用 1 次干燥。

温度、叶量、通风量、翻动等是茶叶干燥过程的主要工艺因素，其中温度是主要因素。为达到最佳的干燥效果，应合理调节各工艺因素之间的关系，可随着名优茶的种类、嫩度、叶量、含水量的变化而灵活掌握。通常情况下，温度先高后低，叶量先少后多。如果茶叶的含水量较高，则温度要高、叶量应少。

干燥应以适度为原则，如果干燥过度，容易出现泡点、高火味或焦味；反之，如果干燥不足，毛茶含水量过高，容易发霉变质。干燥一般标准：手握茶有沙沙声，用手指捏茶成粉末状，梗子一折就断，含水量掌握在 4.5%~5.0%。为避免受潮，毛茶经干燥适当摊凉后，应及时装袋入库。

各类名优茶的加工工艺均是由各个工序经过合理组合而成，控制加工工艺中各工艺因素的指标，就形成了各类名优茶的独特的品质特征。

各类茶叶初制加工工艺

一、绿茶

绿茶，又称不发酵茶。因其干茶色泽和冲泡后的茶汤、叶底以绿色为主调而得名。

绿茶的初制加工是以适宜的茶树新梢为原料，经杀青、揉捻、干燥等工序而成。其中，杀青是关键的工序。鲜叶通过杀青，钝化酶的活性，使叶中的各种化学成分在没有酶影响的条件下，由热力作用进行物理化学变化，从而形成绿茶的品质特征。

1. 杀青工艺的控制　杀青是保证和提高绿茶品质的关键性技术措施，除手工特种茶，该过程均在杀青机中进行。因此，必须遵循以下三条原则。

（1）高温杀青，先高后低　名优茶的鲜叶嫩度好、水分含量多、酶活性强，因此杀青的温度要高，使叶温迅速达到75℃以上，以达到在短时间内钝化多酚氧化酶活性。在鲜叶下锅1~2分钟的杀青前期，茶叶大量吸收锅的热量，鲜叶水分汽化速度快，耗费的热量大，加上杀青时间短，所以要求高温杀青才能满足其热量要求。然而过高的温度，却很容易将叶子烧焦，杀青时间也必然过短，叶内其他物质的理化变化来不及完成，如蛋白质水解，淀粉水解等，一些有效成分也会受到损失。所以，"先高"并非越高越好。为利于叶内化学成分的有效转化，温度应以叶子的酶活性在2~3分钟被彻底钝化、不使叶子产生红变为宜。另外，对叶张肥大、叶质肥厚及雨露水叶等，温度可略高一些；对摊放时间长的及含水量少的夏茶叶子，温度应适当低一些。杀青后期，随着水分的蒸发及酶活性的降低，杀青温度应逐渐降低。因为杀青中后阶段，主要是继续散发青草气和蒸发水分，使杀青达到最适度的标准。假如温度太高，芽尖和叶缘容易炒焦，叶内可溶性糖类、游离氨基酸和咖啡因等有效成分也会受到损失，从而影响茶叶品质。

（2）抖闷结合，多抖少闷　这一原则主要是针对锅炒杀青而言的。抖炒和闷炒各有优缺点，必须灵活掌握。采用"抖闷结合"的杀青方法，可以有效地提高名优茶的杀青质量。在杀青过程中，抖闷结合必须根据鲜叶的质量灵活掌握，充分利用叶片水分汽化后的水蒸气提高叶温，优点是利于杀透、杀匀，不出红梗、红叶。在闷炒时，温度要求高些，假如温度低，必然时间长，不仅达不到闷的目的，而且会使叶片受蒸，出现黄熟现象，香味低淡，影响茶叶质量。在抖炒时，锅温要适当低些，假如温度过高，杀青叶可能失水不匀，甚至产生焦叶现象。通常先抖炒1分钟，蒸发出一部分水分，再闷炒2分钟，然后抖炒至适度。如果全程抖炒，水分和青草气可较快挥发，对叶绿素的破坏较少，有利于茶叶品质的形成，但是容易形成杀青程度不匀。叶温不高，易产生红梗、红叶和失水不匀。就大多数的名优茶而言，用多抖少闷的杀青方法为宜。在杀青过程中，充分利用抖与闷的作用，合理地调节、控制叶片的变化，才能达到最好的杀青效果。

（3）嫩叶老杀，老叶嫩杀，掌握好杀青程度　除少数茶类，名优茶的鲜叶通常都属于较嫩的鲜叶。对于水分含量高、酶活性强的嫩叶，杀青程度应适当偏重，这样揉捻时有利于卷紧成条；假如嫩叶杀青失水少，揉捻时易造成茶汁流失，芽叶断碎。而嫩度相对较差的老叶，应适当嫩杀，以保持叶面湿润，方便造型。原因是老叶含水量少，叶质较硬，杀青时如失水过多，叶质变得较硬，揉捻时难以成条，易断碎。在实际生产中，应根据鲜叶的质量、失水程度和叶质的变化灵活掌握杀青程度。从叶子黏性来看，嫩叶杀青后，黏性从最大开始下降，而老叶达到最大时为适度。

在杀青过程中，除上述三条原则，还必须按照鲜叶情况和各种工艺要求采取相应的工艺措施，以获得最佳的杀青效果。

2. 揉捻工艺的控制　绿茶的揉捻工序有冷揉与热揉两种。冷揉是杀青叶经过摊凉后揉捻；热揉则是杀青后的鲜叶直接趁热进行揉捻，不经摊凉。一般情况下，嫩叶宜冷揉，以保持黄绿明亮之汤色和嫩绿的叶底；老叶宜热揉，以利于条索紧结，减少碎末。目前，除名茶仍采用手工揉捻，大宗绿茶都已实现机械化揉捻作业。

（1）采用杀青叶温度高低不同的"冷揉、温揉、热揉"的方法

冷揉适用于嫩叶，因为芽叶细嫩，含纤维素少，叶质软；同时含有较丰富的糖、果胶质、蛋白质等物质，增加了叶表物质的黏稠性，很容易揉紧条索，形成外形优美、色泽翠绿及高香清爽的品质特征。热揉仅适用于老叶，原因是老叶含水量低，纤维素含量高，角质层厚，叶片粗硬，只有杀青叶保持一定温度，当纤维素、角质层软化，叶黏性、韧性加大的时候，进行揉捻，才更易成条。温揉适用于中等嫩度及其以下的叶子，是一种兼顾形、质的做法，不仅有利于外形的形成，而且能够减少热揉时对茶叶内质的影响。

（2）外力大小的调节是揉捻环节的关键所在　茶条紧结、整碎程度直接受压力的大小影响。开始轻轻搓揉，使叶片沿着主脉卷曲；然后渐渐加重压力，使条索卷紧，茶汁溢出。为避免碎茶率过高，重压时间不宜过长。假如一开始就加重压力，往往造成叶片翻转困难，容易产生扁条、碎叶。假如轻揉后就加重压到底，也会导致揉捻不匀，茶条无法收紧，茶汁流失，产生扁条。因此，应遵循"轻—重—轻"的原则。

由于叶质不同，压力大小和时间长短的调节也有所不同。叶质

柔软、角质层薄、纤维化程度较低的嫩叶，容易揉紧成条，必须掌握"轻压短揉"。如果"重压长揉"，即压力重时间长，则很可能产生严重断碎现象，造成茶汁流失。对叶质粗硬、角质层较厚的老叶，应该"重压长揉"。对匀度较低的叶子，应实行"解块筛分，分次揉捻"，以达到揉捻均匀的目的。

对那些特殊的杀青叶，如杀青不足、含水量高、叶质脆硬的叶子，应采取"轻压"措施。重压会使其产生断碎，茶汁流失，影响茶汤浓度。又如杀青过度的叶子，由于含水量少、叶质脆硬，必须延长轻揉时间，使其慢慢卷曲，然后再逐步加重压力，挤出茶汁，使之揉卷成条，避免因过早加压而产生碎片。因此，这些特殊杀青叶的整个揉捻时间与正常杀青叶相比更长一些。

加压还要做到三点：

①重压通常以不影响叶子在揉桶里的正常翻转为原则，不宜过重，尽量避免叶子产生断碎。

②压力缓缓加重，使茶条渐渐收紧。假如突然加重压力，容易造成扁条和断碎。

③加压与松压结合。通常加压 5~10 分钟，松压一次 3~5 分钟，目的是达到理条、克服因加重压力翻转困难而产生的揉捻不匀现象。假如叶子的匀净度较低，在揉捻中必须采取"解块筛分、分次揉捻"的方法，以获得揉捻均匀的效果。

（3）揉捻要兼顾内质　揉捻叶由于细胞损伤，茶汁溢出与空气充分接触，使得多酚类进行非酶促氧化。揉捻过程中，随着叶子温度的升高，揉捻时间延长，氧化更加深刻，从而使茶汤向黄色方面转化，导致绿茶品质降低。因此，在揉捻过程中应尽量将揉捻室温度降低。在揉捻机的选用上，应选择散热性能好的产品，有效减少多酚类的自动氧化作用，形成绿茶应有的绿色。

3. 干燥工艺的控制　干燥的作用是蒸发水分，整理外形，充分发挥茶香。烘干、炒干和晒干是干燥的三种主要形式。根据干燥方式的不同，绿茶可分为烘青绿茶、炒青绿茶和晒青绿茶三类。烘青绿茶干燥的方式是全程烘干；现行的炒青绿茶干燥方式，大多数是先经过初烘，然后再上炒干机进行炒干。原因是揉捻后的叶子仍含有较高的含水量，假如将揉捻叶直接炒干，容易在炒干机的锅内形成小团块，而且容易因茶汁黏结锅壁而产生老火气甚至焦气等。

在绿茶干燥环节，必须掌握"温度先高后低、高温快速烘湿坯和低温长炒足干"的原则，这对提高干燥质量有非常重要的作用。下面以长炒青绿茶为例做具体介绍，温度和作用于茶条上力的大小和方向是长炒青绿茶干燥的主要控制环节。

（1）"烘温坯"阶段 残余酶的活性被进一步破坏，多酚类的氧化受到制止，同时，水分在较高的温度下被大量蒸发，促进叶内化学变化，使茶条紧缩，固定揉捻叶呈条形。"烘湿坯"阶段的"高温"，通常掌握热风温度在120~130℃，过高则叶子水分过快汽化，表面很快干燥，梗脉水分来不及运输到叶面，结果形成"外干内湿"的现象，严重降低毛茶品质。但假如温度过低，在湿热的条件下，叶子中的叶绿素被大量破坏（干燥条件下少量破坏），促进多酚类的氧化，低沸点芳香物质逸散受阻，从而导致叶色黄暗，香气低闷不爽，味涩，带水闷气。"烘湿坯"结束时，减重率最好在30%左右。

（2）"炒三清"阶段 干燥进入"炒三青"阶段，主要目的是做紧条索。因此，应降低温度。如果温度高，失水太快，对做形不利，容易产生焦斑焦点。当炒至叶子含水量降至20%左右时，出叶摊凉，待叶子回软。

（3）"炒足干"阶段 干燥进入"炒足干"阶段，继续蒸发多余水分，促进香气的发展，同时整理条形。此时，可继续降低温度，进行低温长炒。如果足干温度过高，上述弊端一样会出现。特别是干燥后期，假如温度高于80℃，会很快使叶色发黄，出现老火气，甚至焦气。当然温度也不能太低，否则不仅香气低闷不爽，同时影响生产效率。

二、工夫红茶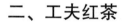

工夫红茶初制工艺共分四个工序：萎凋、揉捻、发酵、干燥。

1. **萎凋工艺的控制** 只有经过适度萎凋，才能获得优良的产品。可以说，萎凋是红茶制造的基础过程之一。

萎凋的特点是在一定温度条件下，鲜叶大量失水。但是在萎凋过程中，必须对失水速度做有效控制。萎凋适度的特征为萎凋叶折梗不断、手捏成团、松手不易弹散，具有一定的清香，可通过感官判断。

（1）掌握好温度、湿度、通风条件、叶层的厚薄等 温度、湿度、通风条件、叶层的厚薄是影响萎凋失水速度的外在因素，其中温度是主要矛盾。在一定的温度范围内，空气相对湿度随温度的升高而降低，从而促进叶内水分蒸发。因此，无论生产中采用日光、室内加温、萎凋机等何种方式萎凋，都是通过加温的方式来提高水分的蒸发速度和增强酶的活化性能。气温在25℃左右时，日光萎凋可获得较理想的效果，因此，夏秋茶期间应在上午10时前或下午3时后进行日光萎凋。室内自然萎凋的适宜温度为20~24℃；在低温高湿的情况下，进行加温萎凋，不仅可以提高萎凋质量，还能够提高生产效率，但温度最好在35℃以下，最高不超过38℃。否则，鲜叶失水太快，理化变化激烈进行，容易造成细嫩芽叶的萎凋不匀、过早红变等现象。为防止萎凋后期因温度太高而影响品质，必须遵循"先高后低"的原则来调节温度。

萎凋是水分蒸发的过程，一切物质变化均随着水分的变化而转化，而鲜叶水分的蒸发速度与空气相对湿度的高低成正比。一般萎凋最适宜的空气相对湿度在70%左右。

由于室内通风条件直接关系着室内温度和空气相对湿度，从而影响萎凋进程，并且萎凋时叶子呼吸作用需要氧气，因此，萎凋质量受室内通风条件的直接影响。在室内自然萎凋过程中，必须保持室内空气的流通，一般要求微风适量。用萎凋槽萎凋时，应掌握风量"先大后小"的原则。

萎凋过程中，可通过调节摊叶厚薄对萎凋进程进行调节，但调节的幅度不可太大。

（2）合理控制失水量，掌握"嫩叶老萎凋""老叶嫩萎凋"的原则　对于水分含量较高的嫩叶，适当地进行老萎，可以避免揉捻时茶汁的流失，同时增强酶的活性，对多酚类物质的氧化有利。水分含量较少的老叶叶质较硬，若失水过多则揉捻更为困难，而老叶轻萎凋有利于形、质的形成。萎凋适度的叶子，嫩叶减重率为30%~40%，老叶减重率为20%~30%。

2. 揉捻工艺的控制　揉捻的目的是使叶卷成条，使毛茶外形紧结美观，破坏叶细胞，便于发酵，便于冲泡时可使溶物溶于茶汤，使茶汤浓度增加。揉捻适当与否，很大程度上决定着毛茶外形的好坏，并对内质有着重要影响。与绿茶相比，工夫红茶的揉捻加压较重，时间较长，揉捻要求程度较充分。一般情况下，细嫩叶分1~2次揉，较粗老鲜叶分2~3次揉，每次揉45分钟左右。

工夫红茶揉捻适度应条索紧结，成条率达80%~90%；细胞汁大量流出，局部揉捻叶泛红，并发出较浓烈的清香；保持叶片完整，细胞破坏率高达70%~80%。

工夫红茶揉捻环节的控制与绿茶大体相同，即主要掌握"揉捻加压轻—重—轻；嫩叶轻压短揉，老叶重压长揉；解块筛分、分次揉捻"等原则。

另外，对特殊萎凋叶的压力控制应引起重视。例如，对于萎凋不足的或芽毫多的原料，要适当轻压，以减少断碎；对于萎凋稍过度的，应适当重压，以便于后期发酵。

3. 发酵工艺的控制　发酵是红茶制作及影响红茶品质优劣的关

键工序，是以绿叶红变为主要特征的生化过程。发酵的作用是增强酶的活性，促进多酚类物质氧化，最终形成红茶特有的颜色和滋味，并使其散发青气，形成浓郁的香气。因此，必须正确而适时地掌握发酵的程度。

发酵是在发酵室进行，首先洗净发酵竹匾或筐，然后将揉好的一号、二号、三号茶分批摊在匾内或框内进行发酵。摊叶厚度 4~10cm（一号茶 4cm，二号茶 6~8cm，三号茶 8~10cm），一般掌握"细嫩茶宜薄、粗老茶宜厚、春茶宜厚、夏秋茶宜薄"的原则。摊凉时不必加压，发酵中不需翻拌，保持疏松通气。一般情况下，春茶发酵时间为 3~5 个小时，夏秋茶为 1~2 个小时。

工夫红茶发酵适度的感官特征是叶脉及汁液泛红，叶色基本上变为铜红色，青气消失，发出浓厚的苹果香气。由于季节和鲜叶老嫩不同，颜色深浅也略有差异，春茶及嫩叶通常红中透黄、呈新铜红色，夏秋茶及老叶则呈紫铜色。

春茶气温低，发酵必须充分；夏秋气温高，发酵叶达到 70%泛红时就可以上烘，原因是发酵在干燥的前一阶段仍继续进行，假如等发酵充足时再干燥，很可能造成发酵过度。

创造有利于发酵正常进行的环境非常重要。在发酵过程中，环境条件对多酚类化合物的氧化缩合和其他成分的变化有特别大的影响，主要指温度、湿度和氧气三个因素。

温度是影响发酵作用的首要条件。假如温度过高，会使多酚类化合物迅速地大量地氧化缩合，结果造成茶汤滋味淡薄，水色浅，叶底红暗。相反，温度低于 20℃，酶活性很弱，氧化反应速度缓慢，发酵很难进行。因此，发酵室温度最好控制在 22~24℃，最高不可超过 28℃，以使发酵顺利地进行，并减少有效成分的损失。假如发酵室内温度过高或过低，必须用人工加以调节。发酵叶的温度一般比室温高 2~6℃。

发酵顺利进行的关键在于湿度的控制。只有发酵叶保持一定的含水量，才有利于发酵正常进行。假如空气干燥，湿度太低，发酵叶水分蒸发快，常常造成理化失调，而出现乌条、花青等发酵不均匀的现象。为保持发酵室相对湿度在95%~98%，应在发酵室内装置喷雾设施。其作用是夏天用冷水喷雾，气温低时通入热蒸汽，以提高发酵室的温湿度。采取发酵室地面洒水、发酵盘上盖湿布等方法措施，也可以有效达到保湿的目的。

由于只有在空气流动、供氧充足的情况下，发酵过程中的酶促和非酶促作用才能正常进行。因此，供氧充足是发酵有效进行的前提条件。为保证叶子在发酵时有良好的供氧状态，首先必须保持发酵室内的空气流动，清洁新鲜，供氧充足；其次是掌握好发酵叶的摊放厚度，遵循"老叶适当摊厚，嫩叶适当摊薄"的原则。原因是老叶通常叶层疏松，有较好的透气性，可适当摊厚；嫩叶一般叶层较紧密，适当摊薄既可以使发酵正常，又能够提高工作效率。

4. 干燥工艺的控制　干燥是红茶初制的最后一道工序，也是固定和发展工夫红茶品质的过程。干燥的作用有三：一是制止酶的活性，停止酶促氧化；二是蒸发水分，使毛茶充分干燥，紧缩茶条，防止霉变，方便贮藏与运输；三是散发青草气，发展茶香。恰到好处的干燥技术可以使前几个工序的优点得以巩固和发展，进而提高成茶品质。假如技术不当或失误，很可能前功尽弃。

工夫红茶的干燥通常使用毛火、足火两步烘干法进行，中间还需经过摊凉。"高温烘干，先高后低"是技术上应掌握的总体原则。"先高"指毛火温度要高，作用是利用高温破坏酶的活性，终止发酵，达到固定发酵过程中形成的色、香、味的目的。在烘干开始时，叶温从发酵叶20~30℃上升至足以钝化酶活性的70℃以上，需要一个过程。而发酵在这一过程中仍继续进行，为使其尽量缩短，必须要有较高的毛火温度。同时，烘干的叶层要薄。然而温度也不能过高，不然会过多地挥发散失叶内芳香物质，使咖啡因升华，并产生外干内湿的现象。毛火后，应对叶子进行适当的摊凉，使叶内水分

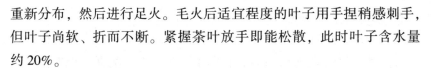

重新分布，然后进行足火。毛火后适宜程度的叶子用手捏稍感刺手，但叶子尚软、折而不断。紧握茶叶放手即能松散，此时叶子含水量约20%。

"后低"，指在足火阶段的烘温应相对低一些。继续蒸发多余的水分和进一步发展香气，是这一时期干燥的主要任务。如果温度过高，容易产生外干内湿和香气低短的现象，不利于叶内水分的均匀蒸发和香气物质的形成。因此，足火阶段的烘温应低一些。同时，叶层也应相对厚一些。足火后，充分干燥的茶叶用手一揉成粉末。可以闻到茶香，条索紧结。色泽乌润或红褐（老叶），含水量4%~6%。

三、乌龙茶

各地在乌龙茶初制工序的具体安排上没有太大的不同，概括起来可分为：萎凋、做青、炒青（杀青）、揉捻、干燥。初制过程中水分的减少所伴随的变化及加工技术措施的合理掌握与乌龙茶品质的形成有着密切的关系。现将各环节的控制分述如下：

1. **萎凋工艺的控制** 乌龙茶区所指的凉青、晒青即是萎凋。通过萎凋使部分水分散发，叶子韧性提高，便于后续工序进行；同时酶的活性伴随着失水过程而增强，散发部分青草气，有利于香气透露。萎凋方式包括日光萎凋、室内自然萎凋、加温萎凋和人控条件萎凋等。

乌龙茶萎凋与制造红茶的萎凋不同。红茶萎凋不但失水程度大，而且分开进行萎凋、揉捻、发酵等工序。乌龙茶的萎凋则不与发酵工序分开，而是二者相互配合进行。通过萎凋过程中的水分变化，控制叶片内物质适度转化，达到适宜的发酵程度。

晒青，即日光萎凋，是利用光能热量使鲜叶适度失水，促进酶的活化，对乌龙茶香气的形成和青草气的去除有着良好的作用。根据具体情况，晒青可设晒青架，或设竹筛（俗称"水筛"）、竹席，或用水泥地，然后将鲜叶均匀地摊放在上面，厚度以叶片不相重叠为宜。晒青时间短则 10 分钟，长则 1 小时左右。晒青过程中，应对叶子适当地进行翻拌 1~2 次。晒青适度标准为叶片失去光泽，叶色较暗绿，顶叶下垂，梗弯而不断，手捏略感弹性。

凉青是室内自然萎凋的方式之一，通常并不单独进行，而是与晒青相结合。它的主要作用有三：一是使鲜叶热气散发，重新分布梗叶内水分，恢复到接近晒青前的状态，俗称"回阳"或"还阳"，保持新鲜度；二是通过晒青水分蒸发的速度，调节晒青时间，对保持晒青质量有利，方便连续制茶；三是起补足晒青时叶子失水程度不足的作用。凉青适度的标准是嫩梗青绿、叶态恢复到接近晒青前的状态。

阴雨天或傍晚采回的鲜叶，由于晒青无法进行，在此情况下可以采用加温萎凋，俗称"熏青"或"烘青"。加温萎凋方式有两种：一是萎凋槽内用鼓风机送入风温在 38℃ 以下的热风，风量宜大，叶温最好不超过 30℃，摊叶厚度为 15~20cm，时间约 1 小时，并每隔 10~15 分钟翻动一次；二是烘青房内上层铺设有孔竹席，每平方米摊叶 2~2.5kg，温度不超过 38℃，需 1.5~2.5 小时，其间进行 1~2 次翻动。具体烘青时间应根据摊叶厚度和温度等情况灵活掌握。

不同产区、不同偏重的鲜叶，萎凋程度也有所不同。例如，闽南乌龙茶较轻（通常减重 10% 左右），闽北乌龙茶较重（减重 10%~15%）。

萎凋是乌龙茶初制的重要措施之一，对乌龙茶香气和滋味的形成有重要的作用。晒青是乌龙茶萎凋工艺的一大特点，对操作者一般要求做到以下几点。

（1）晒青的时间与场所应选择好　宜在日光缓弱斜射，场地通风的条件下进行。不宜在烈日下晒青，以防日光灼伤鲜叶而发生红变和死青。晒青时，鲜叶应均匀薄摊。

上午采回的"露水青"鲜叶，宜在上午 10 时左右进厂凉青，直至叶表新鲜而无水分。等至下午 3 时左右晒青，或者与下午所采的鲜叶一起晒青。下午采回的鲜叶，晒青要在凉青散热后再进行。下午 4 时以后采回的"晚青"鲜叶，假如当天无法晒青，可通过凉青后直接进行摇青。

（2）看天晒青 即应根据季节、天气等不同情况决定晒青的时间和程度。春茶期间由于气温较低，鲜叶含水量较高，晒青时间应比夏、暑茶略长。平原炎热地区，夏、暑茶鲜叶进厂时，假如叶片失水率已达加工要求，不可晒青或以凉青代晒。干燥的"北风天"，晒青程度宜重；闷热的"南风天"，晒青程度应轻。

（3）看种晒青 即应根据不同茶树品种的物理特性决定晒青的时间和程度。叶子肥厚的品种，适宜重晒；黄校、奇兰等叶子较薄的品种，适宜轻晒。武夷岩茶宜采用"二晒二凉"，如肉桂品种。

（4）看数量晒青 为方便后续工序的进行，当天第一批原料一般晒青时间较短，第二批稍长，第三批更长，以调节几批鲜叶含水量的失水程度，使其含水量相近。

除上述，在萎凋工艺中还要掌握好以下两个方面。

第一，在萎凋和晒青过程中，翻拌鲜叶的动作要轻，以防叶面受到机械损伤而导致水分渗透的通道中断。

第二，萎凋程度宜轻勿重。萎凋过度，鲜叶失水过度叶子紧贴筛面，部分幼芽叶泛红起皱，成茶青条多，味苦涩，色、香、味、汤等品质特性较差。

2. 做青工艺的控制 做青又称摇青，是形成乌龙茶特殊的香气和绿叶红镶边的重要工序。传统做法均用竹制圆筛手工摇青，闽北、闽南分别以水筛和摇青筛为手工摇青工具，水筛每次可摇叶 0.5～1.0kg，摇青筛每次可摇叶 4～5kg；现在大多用单筒或双筒滚筒摇青机或综合做青机。做青时，将经晒青的鲜叶放在摇青机（或筛）中，进行第一次摇；摇动一定的次数后，把鲜叶摊放在凉青架凉青，静置一定的时间后，进行第二次摇。如此反复摇青4~5次不等，逐次增加每次摇的转数、静置时间和摊叶厚度。摇动时，叶缘细胞因叶片互相碰撞而擦伤，从而促进酶促氧化作用。摇动后，叶片由软变硬。再摊晾一段时间，氧化作用相对放缓，叶柄叶脉中的水分慢慢扩散至叶片，使鲜叶又逐渐膨胀，恢复弹性。经过这样有规律的几次动与静的过程，一系列生物化学变化在叶子内发生：叶缘细胞被破坏，发生轻度氧化，叶片边缘部分呈现红色，中央部分的叶色则由暗绿转变为黄绿，形成所谓的"绿叶红镶边"。同时，随着叶面水分的蒸发和运转，梗脉中的水分和水溶性物质在输导组织的帮助下渗透、运转至叶面，水分从叶面蒸发，而水溶性物质则积累在叶片内，促进香气、滋味的进一步发展。摇青操作时，以下几点应掌握好。

（1）控制好摇青过程中的环境条件 摇青应在特设的摇青室内进行。摇青室内应避免阳光直射，保持空气相对静止，温度、湿度均控制在一定范围内。在生产实际中，如果温度低于20℃时就要采取加温措施，湿度低于80%时就要洒水增湿。假如温度过低，容易造成做青不均匀、叶底发暗，而无法达到乌龙茶的红边要求。但温、湿度也不能过高，否则多酚类化合物氧化太快而无法尽除水分，芳香物质不能随水分扩散而挥发，青草气尚留，碳水化合物也不能转化达到理想的程度，叶绿素达不到足够的破坏程度，即无法控制各种化学成分发生协调的变化，导致成品茶叶增多，叶底暗绿，香气不高而带有青味，汤色红浊，滋味苦涩。

（2）摇青要"循序渐进" 转数渐渐增多，用力渐渐加重，摇后摊叶厚度渐渐加厚，晾青时间渐渐增长，发酵程度渐渐加深。在8~10小时，有控制地进行。例如，第一次摇90~120转，第二次摇200~250转，第三次摇400~600转，第四次摇500~800转。第一次摊晾时间约1.5小时，第二次摊晾时间2.5小时，第三次摊晾时间3~4小时，第四次摊晾时间4~5小时。

（3）掌握"看青摇青"的原则　即根据产地的品质要求、茶树品种、季节、晒青程度等具体情况灵活掌握。

①根据产地和品质要求。闽北乌龙茶摇次多，转数少，转数每次差距较小。闽南乌龙茶摇次少，转数多，转数每次差距较大，成倍增加。台湾包种茶通过搅拌起摇青的作用，以双手微力翻动鲜叶，使鲜叶相互碰撞摩擦。台湾乌龙茶的搅拌方法，理论上和包种茶相同，只有搅拌次数和力量比包种茶多且重。

②根据茶树品种。铁观音、本山等叶片肥厚的品种，应多摇，轻摇；黄枝等叶片薄的品种，应少凉，多摇，轻摇；水仙、梅占等青味重、易变红的品种，应少摇，多凉。

③根据鲜叶嫩度。较幼嫩鲜叶的含水分多，晒青程度宜重，摇青转数宜少。较粗老的鲜叶，晒青程度宜轻，摇青转数宜多。

④根据晒青程度。通常以"轻晒重摇"和"重晒轻摇"为原则。鲜叶晒青程度不足时，应少摇青次数，增加摇青转数，延长摇青间隔时间。对于晒青程度较足的鲜叶，为避免出现红梗红叶，第一次摇青转数宜少。

⑤根据季节和天气状况。气温低、湿度大的春茶期间，宜摇重些；气温高的夏、暑茶期间，宜摇轻些。

此外，摇青时动作要轻，以免造成叶脉折断，水分及干物质的运输受阻，从而使折断处多酚化合物先期氧化，形成不规则的红变，影响成茶品质。

3. 炒青（杀青）工艺的控制　炒青的作用与绿茶的杀青一样，主要是抑制鲜叶中酶的活性，控制氧化进程，防止叶子继续红变，固定做青形成的品质，是乌龙茶初制的一项转折性工序。其次，将低沸点青草气物质挥发和转化，形成馥郁的茶香。在此过程中，部分叶绿素被湿热作用破坏，叶片黄绿而亮。同时可造成一部分水分挥发，使叶子柔软，便于揉捻。

炒青锅配以炒茶刀等器具进行炒青是乌龙茶传统的炒青方法，

后来改为手摇锅式杀青机具，有单锅、双锅、三锅杀青机，现在通常使用滚筒式杀青机或电磁内热杀青机。由于做青叶中的含水率相对较低，炒青时间通常为5~7分钟。乌龙茶炒青适度的标准是，叶子含水量64%~65%，叶面略皱，叶缘卷曲，叶梗柔软，手捏有黏性而无光泽，叶色黄绿，青气消失，散发清香。

4. 揉捻工艺的控制　揉捻即趁热反复地搓揉炒青后的叶子，使叶片由片状而卷成条索，形成乌龙茶所需的外形，同时，破碎叶细胞，挤出茶汁，黏附叶表，使冲泡时易溶于水，以增浓茶汤。用揉捻机揉捻，时间为8分钟左右。在揉捻过程中，加压应"轻、重、轻"。揉好的叶子要及时烘焙，假如来不及烘焙，应摊晾而不宜堆积。特别是夏、暑茶，如果堆积过久，容易闷黄。

因为乌龙茶初制的揉捻是趁热揉捻，所以在手工揉捻时，闽北乌龙茶实行炒揉交替，即"二炒二揉"；闽南乌龙茶采取揉捻与烘焙交替，即"三焙三炒"。闽南乌龙茶采用包揉方式，在杀青后进行初揉、初焙、初包揉、复焙、复包揉，以使茶的外形卷曲紧结。

5. 干燥工艺的控制　为蒸发水分和软化叶子，乌龙茶干燥都是以烘焙的方式进行。烘焙分干燥机烘焙与烘笼烘焙两种，可起热化作用，能消除苦涩味，促进滋味醇厚。在实际操作中，各茶区因为所产茶揉捻结束后叶子的干度不同，有的分毛火和足火，有的却只是进行足火。

用烘笼烘焙时，毛火温度为100~140℃，足火温度为80℃左右。烘焙至茶梗手折断脆，气味清纯，即可起焙。仅进行足火的闽南茶区也分二道进行：第一道烘温为70~75℃；第二道烘温为60~70℃，也称为"炖火"。

用烘干机干燥时，毛火温度为160~180℃，摊叶厚度4~5cm。毛火经1~2小时的摊凉，再足火。烘干机足火的温度约120℃，摊叶厚度以2~3cm为宜，中速运转18分钟左右。

一、毛峰形名优茶

毛峰形名优茶在我国众多的名优茶类中占有最大的比例，干燥方法有烘干型或以烘为主、烘炒结合两种。毛峰形茶具有外形自然、有锋苗、完整显毫、色泽翠绿、香气清雅、叶底完整等品质特征，深受广大消费者喜爱。

毛峰形茶加工工艺是：鲜叶摊放→杀青→揉捻→初干→理条→提毫→足干。

适制品种为芽壮、叶小、多毫的中小叶茶树品种，原料标准为 1 芽 1 叶初展至 1 芽 2 叶初展鲜叶，要求不带病虫叶、鱼叶、紫芽、冻芽、单片、鳞片及其他非茶类夹杂物。

摊放时一般将鲜叶薄摊在竹簸或簸垫以及干净的水泥地面上，摊叶厚度为 2~4cm。雨水叶须先将表面水分用脱水机除去，然后薄摊。为加快水分蒸发，可用电扇吹微风；高山茶的摊青时间应适当延长一些，以提高成品茶品质。

1. 杀青　选用 30 型滚筒连续杀青机，如 6CST、6CMS 等系列（注：在 30 后加"D"的为电热源，未加"D"的为煤和柴燃烧能源）。杀青时间长短可通过调节滚筒倾斜度来调节，即倾斜度越大，杀青时间越短；倾斜度越小，杀青时间越长。在杀青适宜的温度下，筒体最佳倾斜度约为 1.6°。此时，手轮一端离地面高 8cm 左右，出叶口一端离地面高 4cm 左右（仅供参考）。先接通加热电源，启动电机使筒体转动。开机应进行预热，可空转 15~30 分钟，同时通过手轮丝杆调整好滚筒倾角，将杀青时间调控在适宜时间之内，待筒体温度达到 120℃左右时，用手工投叶。为避免焦叶，开始时要多投些鲜叶，随后均匀投叶。杀青叶要求投叶量稳定，火温均匀，以保证杀青质量一致。

2. 摊晾　通常采用自然薄摊晾。为利于翠绿的形成，最好辅以电扇吹风，以快速冷却摊凉。

3. 揉捻　将杀青后经摊凉的杀青叶，投入揉捻机内。投叶后先无压揉 3 分钟，然后轻压揉 2~3 分钟，最后无压揉 1~2 分钟。揉捻时间既不能过短，也不能过长：过短，茶条松泡，成形率低；过长，茶汁外溢过多，影响色泽与显毫，尤其杀青后的初揉时间宜短，加压宜轻。因此，揉时要适度。对于高山茶而言，轻揉捻或不揉捻（如加工自然舒展的直条形和扁形茶等）对保证绿茶类名茶翠绿多毫的色泽有利。

4. 毛火初干　当热风炉外壁烧至有明显烫手感时，开动鼓风机送热风，待烘干顶层温度达 130~140℃时，手工投叶，以均匀薄摊至还能看见少量网眼为宜。毛火应采取快速烘焙，因此烘干机应调到最快转速，待烘到干度适度后下烘摊凉。为避免叶色闷黄，摊凉不能堆积，而宜薄摊。含水量较大的揉捻叶炒二青时，容易出现巴锅和色泽黑变等现象，毛火初烘可以有效克服此类弊病。

5. 理条　接通电源后，先让理条机空载运行约 30 分钟，升温后在槽锅上均匀涂擦制茶专用油，使其光滑，待锅温上升到约 120℃时投入 1kg 左右的初烘叶，使其在槽中往复滚炒。可配置一台小型风扇，不断将微风送入槽中，以加速水蒸气散发，促进茶叶色泽翠绿。炒至上述程度时出锅摊凉。

6. 提毫提香　提毫提香通常采用手工在电炒锅内提毫、在烘笼上慢烘提香和用微型烘干机或足火提香机直接烘至足干三种方法，是毛峰形茶香气形成的重要工序。上烘温度约90℃，摊叶比毛火略厚，烘干时间也比毛火要长。如果揉捻叶不打毛火而直接进行理条，理条后的此次烘干可分两次进行，第一次为初烘：当热风温度达到120～140℃时，把理条叶均匀薄摊在烘网上。烘至茶叶有触手感为适度，出烘后摊凉回潮。第二次为足烘：热风温度掌握在70～90℃，上烘叶摊层厚度可略厚于初烘，厚薄应均匀一致，烘至手捻茶叶成粉时下烘。

二、扁形名优茶

扁形名优茶是我国名茶中的一大类，闻名中外，一直以"色绿、香郁、味甘、形美"四绝著称。其品质要求是：外形扁平挺直，色绿润带毫，香气馥郁持久，滋味鲜醇回甘，汤色嫩绿清亮，叶底黄绿匀亮。

鲜叶原料为1芽1叶初展至1芽2叶初展以及独芽。鲜叶摊放与毛峰形茶相同，但应掌握"嫩叶长摊，中档叶短摊，低档叶少摊"的原则，即中低档叶的摊层厚度比高档叶的可适当增加，但要相应缩短摊放时间，减小失重率。

1. 杀青 杀青方式有多用（功能）机杀青和名茶滚筒机杀青两种。采用槽式多用机的杀青方法：开通多用机电流，先进行10～25分钟的预热。当锅热灼手时，将适量的制茶专用油擦抹在槽面上（作用是改善色泽和外形），然后用布擦净锅面。开动机器，快速振动槽锅（往复速度控制在每分钟120～130次）空转1分钟左右，然后投叶入锅。鲜叶入锅时，应有"噼啪"的爆鸣声，并使每槽投叶量均匀一致。在温度和投叶量都适宜的情况下，杀青3～4分钟，中途手工辅助透翻2次。为避免锅底茶叶偏老或产生焦边，起锅出叶时应动作迅速。及时将出锅杀青叶摊开，经摊晾约30分钟时间，以使其自然降温并散失水分。滚筒杀青机械的杀青方式与毛峰形茶相同。

2. **理条整形**　理条整形是继续失水和形成扁紧外形的关键工序。对于该工序，不仅要合理掌握温度和投叶量，而且要正确运用加压棒。先将电机启动，使机器正常运转，然后接通加热电源升温，在锅温升至70℃左右时下叶。槽锅往复运动采用中速，其频率调到每分钟110~120次。杀青叶下锅后先抛炒约1分钟，待叶质转软后加入轻压棒，为防止茶条跳出槽外，可盖上网盖（加网盖不利于水蒸气的及时散发，对色泽有一定影响，因此只要茶条不跳出，也可不加网盖），压炒1分钟左右（加压时速度调到慢挡，即运动频率为每分钟80~100次），取出压棒继续抛炒1~2分钟。待芽叶表面水分基本干时，再投入轻棒并盖上网盖，压炒4~6分钟。当芽叶外形基本扁平紧直、达七成干时，将压棒取出，再抛炒1分钟左右即可起锅出叶。

3. **辉锅炒干**　整形叶先经割末后投入辉锅，每槽投叶量为0.2~0.3kg。辉锅采用低温、慢速方式，其机器往复速度在每分钟90~100次。叶下锅后先抛炒1分钟左右，待叶温上升，叶张转软后，加入轻棒并将网盖盖上，炒1~2分钟（加压时机器往复速度为每分钟80次）。然后取出压棒抛炒1分钟左右，待叶子有触手感时加入重棒，盖上网盖，进行5~8分钟压炒。在槽底出现末子时将压棒取出，再抛炒至足干后出锅。

如果整形叶过于扁平，不够紧直，开叉较多时，应在机械辉锅至八九成干的基础上再辅以手工辉锅，灵活运用抓、扣、磨等手法，将茶条收紧、磨光，以达到扁平、光滑、紧直的标准。

三、卷曲形名优茶

卷曲形名优茶的品质要求是：外形紧细卷曲，色绿润显毫，香高持久，滋味鲜醇，汤色嫩绿明亮，叶底匀亮。

卷曲形茶加工工艺是：鲜叶摊放→杀青→初揉→初烘→复揉（或炒干整形）→足火。

卷曲形名优茶的适制品种为芽肥壮、叶片薄、色黄绿、节间短、芽叶柔软而多茸毛的茶树品种，如"福云6号"、福大种及川群种等。鲜叶摊放与毛峰形茶相同。

1. 杀青　与毛峰形茶相同。

2. 初揉　与毛峰形茶揉捻相同。

3. 初烘　利用小型自动烘干机，采用薄摊快烘的方法。进风气温掌握在130~140℃。中小叶种烘干时间为3~4分钟，大叶种为5~6分钟，失重率掌握在30%~40%，此时在制叶的含水量为30%左右。从烘干机出来的叶子应立即摊晾散热，冷却后回潮15~20分钟。

4. 复揉（或炒干整形）　复揉的适度要求是揉捻叶润滑粘手，完整少断碎，色绿无闷气。可采用25型或30型名茶揉捻机，投叶后先空揉3~5分钟，再轻压揉5~7分钟，直至将茶条揉紧揉细。假如只揉一次，即不经过复揉，可采用炒干整形。可选机具有衢州产双锅曲毫炒干机，其炒制方法是：当锅温升至140~150℃时，启动炒手板并将初烘叶投入锅内。单锅投叶量可根据初烘叶含水率灵活掌握，一般为3.5~4.5kg。炒至茶胚有烫手感（叶温约60℃）、手握柔软如棉时，调大炒手摆幅并将锅温降低。炒3~5分钟后转入整形炒制阶段，将锅温稳定控制在70~80℃。整形炒制靠炒手板与球面锅的作用，边失水边整形，使茶坯卷曲收紧成卷曲状，一般需要60~65分钟。待外形基本固定、含水率降至13%~15%后，调小炒手摆幅，降温至50~60℃续炒4~6分钟，接着升温出锅（出锅叶含水率 10%～12%）。出锅后进行过筛去末。

5. 足火 采用 6CH-941 型碧螺春烘干机、6CH-901 型碧螺春烘干机。温度应控制在 60～70℃。烘干时及时翻动，待茶叶含水率在 5%～6%，烘干至手捻茶叶成碎末即可下烘摊凉。

第八章
茶叶的保鲜
贮藏与包装

　　商品茶是由茶树芽叶加工制作而成的植物饮料，体质疏松多孔。如果贮存保管不善，很容易吸收水分、氧化，尤其在气温较高、湿度较大的条件下，茶叶中很多内含物会氧化、分解。近年来，品质佳、经济效益高的名优绿茶的生产、消费一直呈上升趋势。要提高名优绿茶的经济价值，必须选择合适的包装材料，掌握正确的贮藏保鲜方法。

一、茶叶本身特性

　　1. 吸湿性　茶叶具有吸湿性的原因是因为茶叶是多孔性的组织结构，同时存在着很多亲水性的成分，如糖类、多酚类、蛋白质、果胶质等。有关测试表明，茶叶的平衡水分与相对湿度呈正比关系。相对湿度在40%时，茶叶的平衡水分为6.3%；相对湿度在60%时，茶叶的平衡水分为8.3%；相对湿度在70%时，茶叶的平衡水分为9.6%；相对湿度在80%时，茶叶的平衡水分为12%；相对湿度在90%时，茶叶的平衡水分为17%。因此，为了防止茶叶水分的增高，必须控制仓库的相对湿度。综合上述数据，茶叶贮存的相对湿度应该控制在60%～70%。

　　2. 陈化性　一般情况下，随着保管时间的延长，红、绿茶的质量会逐渐下降，出现诸如色泽灰暗、香气降低、汤色暗浑、滋味平淡等变化。这是茶叶成分发生变化的综合表现，通常被称为"陈化"。

氧化是茶叶陈化最重要的原因。由于酚类发生变化，茶叶中有的成分由水溶性氧化为不溶性的化合物，因而造成汤色暗浑，滋味平淡，香气降低。绿茶的表现尤为明显。另外，脂类成分水解后会产生游离脂肪酸，游离脂肪酸再经氧化并水解，就会形成一种"陈味"。含水量增加，湿度增大，包装不严，长期与空气接触或经过日晒等因素都会显著地加速茶叶的陈化。

3. 吸味性　由于茶叶的组织结构具有多孔性，同时含有棕榈酸、萜烯类等物质，因而茶叶能够吸收异味，具有吸味性。因此，人们一方面自觉地利用这一特性来熏制各种花茶，提高茶叶的饮用价值；另一方面为避免茶叶变味和受污染，而严禁茶叶同有异味、有毒性的物品一起存放和装运，如樟脑、香皂、香烟、油漆等有特殊气味的物品，也不能将茶叶存放在樟木箱等有气味的容器内。

二、影响茶叶品质的环境因素

影响茶叶在贮藏中品质变化的环境因素主要有温度、湿度、空气、光辐射和外力等。其中，水分（空气湿度和茶叶自身的含水量）是导致茶叶陈化变质的主要原因；温度、氧气的作用是加速或延缓茶叶陈化变质。

1. 温度　在贮藏过程中，茶叶自动氧化的速度与环境温度变化成正比。尤其在茶叶含水量较高的情况下，高温高湿会加速茶叶品质的变化加速，同时为茶叶发生霉变提供了条件。低温贮藏可以减慢茶叶自动氧化的速度，抑制微生物的繁殖生长，延缓陈化、变质，增加茶叶有效保质期的时间。

2. 湿度　茶叶作为一种干燥的农产品，当体内含水量在 3% 左右时，茶叶成分会较好地隔离对脂质与空气中的氧分子，阻止脂质的氧化变质。当茶叶含水量高于保质安全水分（一般认为在 4%~6%）时，品质变化就会加速。往往水分含量越高，变化速率越快，越容易陈化变质。而贮藏过程中茶叶含水量的变化，和贮藏环境中空气相对湿度的关系很大。空气湿度越大，茶叶吸湿越快，也就是说茶叶的水分含量与外界空气的相对湿度呈动态平衡。贮藏环境中的空气相对湿度在 60% 以下，可以较好地保持贮藏茶叶的含水量。近几年推行的冷库贮存的优点之一，就是可以在低温冷藏的同时也达到自动除湿的效果。

3. 空气　空气影响贮藏茶叶品质的原因有四：一是空气中会有一定量的水分，尤其是高湿空气，会使茶叶含水量升高，加速茶叶变质；二是空气会使茶叶内的香气物质不断地向外挥发，造成茶叶香气低淡，茶叶品质"失风"；三是空气中含有 21% 左右的氧，充足的氧会加快茶叶中易氧化物质的氧化。如儿茶素的自动氧化，维生素 C 的氧化，茶多酚残留酶催化的茶多酚氧化，茶黄素、茶红素的进一步氧化聚合以及脂类氧化产生陈味物质；四是如果空气中含有异味物质，茶叶吸附后就会带有异气味，发生串味；所以，茶叶在贮藏过程中应尽量隔绝其与空气之间的流通。

4. 光辐射　光是一种能量，可以促使植物色素和脂类物质等加速氧化。茶叶在直射光下贮藏，叶绿素受光辐射发生光敏氧化，使茶叶色泽发黄。光照下，茶叶中某些物质容易发生光化反应，产生难闻的"日晒味"。因此，茶叶应避免在强光或光线直射下贮藏，最好在暗室，选用不透明的铁盒、木盒等容器保存，也可保存在食品袋中。

5. 外力　外界冲击力和压力是影响茶叶形状的主要因素。所以，茶叶的包装应具有一定抗外力的能力。在运输过程中，应做到轻拿轻放。

三、茶叶品质变化的类型

后熟、陈化、霉变、受潮、串味和断碎等是茶叶贮藏过程中最有可能发生的品质变化。

1. 后熟　后熟是新鲜茶叶所具有的特性。刚制好的新鲜茶叶往往带有生青香味，红、绿茶特别明显。贮藏一段时间后，由于茶叶内含化合物发生氧化，滋味变得醇和可口，深度增加。绿茶青气消失，茶香明显提高；红茶叶底由黄红变为红艳。这种向优质方向变化的作用，称为后熟作用。

2. 陈化　陈化作用指在茶叶贮藏过程中，品质变化到一定的程度后，由最优状态往下降，当下降到一定程度，色泽变暗，有"陈"气味，滋味变平和且失去鲜感。

陈化作用也是茶叶内含化合物的氧化过程，是后熟作用的延续。由量变到质变，茶叶品质由一种类型向另一种类型转化，就红、绿茶而言，是茶叶品质在一定程度上由好转坏的变化。具体地说，在茶叶的陈化过程中，茶叶中的类脂化合物氧化，产生具有陈茶气味特征的挥发性成分2，4-庚二烯醛；叶色因叶绿素在酸性条件下加氢脱镁生成脱镁叶绿素而成为暗绿色或绿褐色；抗坏血酸自动氧化产生羟基糠醛，醛类聚合为褐色物质；多酚类化合物、氨基酸、糖类的自动氧化，会形成褐色物质，改变茶叶的香味。红、绿茶因这些变化而失去新茶的色、香、味，出现陈茶的色、香、味品质特征。

3. 霉变　霉变的原因是因为茶叶的表面容易着生微生物，特别是霉菌。微生物在进行各种代谢过程中所形成的合成产物和分解产物，使茶叶产生令人讨厌的霉味。茶叶霉变不仅会发出特有的霉气味，而且会使茶叶变色、变味。

4. 受潮　茶叶的吸湿性很强。如果在高湿条件下贮藏，茶叶吸收空气中的水分，就会因含水量的升高而受潮。茶叶受潮后体积增大，条索变松，同时香气低短，滋味淡薄，俗称"走味"。受潮的茶叶再次干燥后，会再次丧失新鲜香味，色泽失去活感，趋向陈化。

5. 串味 茶叶有很强的吸附异味能力。"串味"是指茶叶因吸附异味而变质。假如周围环境有樟脑、汽油、油墨、鱼腥、农药等异气味，就会使茶叶受到污染，不能作为饮料。

6. 断碎 在正常含水量状态下，干茶受到外力冲击很容易断碎，从而破坏原有的形状规格，造成其质量下降。茶叶断碎会增加粉末含量，影响外形形状、汤色和滋味，使茶汤混浊不清，滋味不爽。

第二节 茶叶的保鲜贮藏

温度、湿度、氧气、光辐射、异味是茶叶发生化学变化的主要因素，因此，茶叶贮藏的场所、器具、材料必须具备低温、避光、干燥、密闭、无异味等条件。茶叶保鲜也应注意这些因素。

1. 采用茶叶专用冷藏库冷藏保鲜 国内外实践证明，低温冷藏技术是现有茶叶保鲜技术最先进、最有效的方法。冷库不仅保证茶叶有低温贮存环境，而且库内避光，空气相对湿度也容易控制，不仅为茶叶提供了良好的贮藏保鲜条件，而且可以大大延长茶叶的保质期（只要茶叶本身含水量符合要求，保质期就可达 1 年以上）。建立茶叶专用冷藏库，是解决大批量优质茶叶贮藏保鲜的最有效途径。

茶叶贮藏冷库从形式上分，主要有组合式冷库和自建式冷库。

组合式冷库容积相对较小，价格相对较高，但安装灵活机动，具有保温性好、安全方便的优点，适合小型茶叶企业和零售部门贮藏高档名优绿茶使用。自建式冷库容积相对较大，制冷设备选择余地大，投资相对较小，但只能固定使用，适合大规模贮藏名优绿茶。冷库的制冷量应根据库房大小和贮藏多少而定，一般配有自动调温系统、制冷系统、冷却系统同步工作，可以自动调温、除湿。

生产或销售部门通常需要贮存数量较大的茶叶，采用低温、低湿、封闭式的冷库贮藏保鲜最为经济有效。一般一座容积为 180m³ 的冷库，可以贮藏茶叶 1.5 万 kg。茶叶经 8 个月贮藏，品质基本不变。与常规贮藏相比，叶绿素含量可提高 1 倍，维生素 C 含量则提高 3 倍。

从冷库运转的保质效果和经济效益综合考虑，相对湿度控制在 65% 以下时，贮茶温度宜控制在 0~8℃。在茶叶贮藏之前，尤其是在新冷库初次应用或者在冷库使用过程中出现库内相对湿度超过 65% 时，应及时进行换气除湿。长期使用的茶叶冷库因处于密闭状态，库内容易出现异味，对茶叶品质不利，也应及时换气消除。为保持库内清洁和空气清新，每年应对库房进行一次彻底清扫。

茶叶的导热性较差，尤其是库容大而且存放量又多的情况下，茶叶从入库到叶温降至要求的低温往往要经过几天时间，因此部分冷库采取先将茶叶置于工作温度比主库房内工作温度更低的预冷室内预冷，然后再送到主库房长时间存放。出冷库时，不能马上将茶叶放到室外高温空气中，否则容易使茶叶表面出现凝结水，应先在介于主库房内工作温度和库外空气温度之间温度的过渡库房内放置 2~3 天。出库后也应再放置 3~4 天，然后开封出售或使用。即使时间不允许，也应做好防潮工作。

低温冷藏的优点是使茶叶处于低温条件下，同时避光、除湿，大大延长茶叶的保质期；缺点是设备投入大，使用费用高。

2. 真空或抽气充氮包装保鲜技术

（1）真空包装保鲜法　真空包装是利用真空包装机将袋（罐）内空气抽出，然后立即封口，使包装容器形成相对"真空"状态，降低氧气的含量，阻止茶叶氧化变质，从而达到保鲜的目的。由于一次抽气后的氧气浓度仍然较高，不能达到较高的真空度，目前又发明了一种二次真空包装技术，即首先将包装袋内空气抽出，充入氮气，再抽气成"真空"状态，最大限度地降低氧气浓度。

真空包装保鲜法的缺点是：由于真空状态的包装袋及所充满的茶叶被整体收缩成硬块状，会对茶叶的外形产生一定的影响。另外，这种包装不平整、不美观，需再增加适当的外包装。

（2）抽气充氮包装保鲜法　先将袋（罐）内的空气抽出，形成"真空"状态，然后充入氮气，最后严密封口，使茶叶处在低氧的环境中，达到保鲜的目的。所用氮气的纯度要高，不然无法达到保鲜效果。

抽气充氮包装保鲜法的缺点是，包装袋充入惰性气体后容易膨胀，从而增加了包装袋与外包装箱的体积。另外，膨胀的包装袋承受重压后易破裂漏气，从而失去保鲜作用。

无论是真空包装还是抽气充氮包装，选用的包装袋必须是阻气（阻氧）性能好的铝箔或其他两层以上的复合膜材料或铁质、铝制易拉罐作为包装容器。

3. 除氧剂除氧保鲜技术　将茶叶装入气密性良好的复合膜容器，加入 1 小包除氧剂后封口。脱氧剂是经过特殊处理的活性氧化铁，该物质在包装容器内可与氧气发生反应，从而消耗掉容器内的氧气，可以在 24 小时内使包装内氧气浓度降低到 0.1% 以下，并在较长时间内保持茶叶处于无氧状态，从而达到保鲜的效果。这种技术保鲜效果明显，成本低廉，方法简单实用，适合各类企业使用。

使用过程中要注意以下几点：

（1）对号使用　根据茶叶包装量的不同，脱氧保鲜剂有 30、

50、100、1000、3000 型等规格，如 100g 的袋装（罐装）茶用 50 型一小包脱氧保鲜剂，125g 装的用 100 型，250g 装的用 100 型，10kg 箱装的用 1000 型，如 25~30kg 箱装的用 3000 型。如果小型号装在茶叶较多的包装内，会因吸氧量有限而达不到理想的效果。

（2）操作准确　茶叶盛袋后将保鲜剂放在上面，封口时挤掉空气，做到密封不漏气。保鲜剂若有剩余，应立即将外包装袋封口，否则保鲜剂会吸氧发热降低使用效果。

除以上两点，还有几点需要注意：一是成品茶必须干燥，否则会降低品质；二是盛放的小包装袋最好是较厚的复合袋，封口必须严实；三是盛放地点的温度不能太高，有条件的企业可以将茶叶脱氧保鲜后进行冷藏，不但保鲜效果显著，而且保色保香保味。

4. 其他保鲜贮藏技术

（1）生石灰除湿保鲜法　选用陶土罐或者不生锈的铁质桶，将一定量的生石灰放在罐底或桶底，然后在罐内或桶内放入用牛皮纸包好的茶叶，再将罐口和桶口密封好即可。生石灰具有较好的吸水性能，吸附茶叶中的水分和容器中的潮气，并使容器中的相对湿度低于 60%，确保茶叶的含水量降低并保持在 6% 以下。同时由于容器内的湿度较低，温度也较通常的气温低 3~8℃。在这样的一个低温、低湿条件下，茶叶可以在一定时间内保持新鲜状态。

生石灰除湿保鲜法是我国民间经过长期实践总结出来的一种有效贮藏方法，具有投资少、效果明显的优点，既可以吸附茶叶中的水分，又能够去除新茶中的高火味。目前，家庭作坊式茶厂和家庭贮存茶叶仍普遍采用这一方法，尤其适合小批量茶叶的贮藏。但是石灰要经常更换，因为生石灰潮解变粉后就会失去吸水作用，同时导致茶叶的色泽变黄。

采用生石灰除湿保鲜法应注意的事项：

第一，石灰、茶叶比例要恰当，通常石灰与茶叶的体积比为 1∶2~1∶3。

第二，所用石灰一定要用新出窑的生石灰，有异味的生石灰或易解潮的石灰不能用。如果发现石灰已经受潮，应立即换新石灰。

第三，容器要尽可能密封，否则生石灰失效过快，无法达到保鲜效果。

基于同样的原理，有些茶厂采用变色硅胶代替生石灰。优点是变色硅胶吸附水分较多时，可取出晒干或烘干后重复使用。

（2）防潮包装保鲜法　选用防潮性能优良的包装材料，再加入干燥剂，防止茶叶水分增加。聚酯/聚乙烯、玻璃纸/聚乙烯、尼龙/聚乙烯、聚酯/铝箔/聚乙烯或铁罐、陶瓷罐等都是常用的防潮包装。干燥剂通常采用特制的高纯度石灰或硅胶。茶叶与石灰的比例 3：1 左右，茶叶与硅胶的比例是 10：1。

第三节　茶叶的包装

茶叶包装，即选用适当的、经过技术处理的容器或材料，将茶叶和外界隔离的一种装置。茶叶包装对茶叶品质的保护、品牌信誉的提升以及产品综合竞争力的提高有着重要的意义。

在茶叶产品流通过程中，包装可以确保贮藏、运输、销售、使用各个环节的安全，对保护品质，美化外观、宣传营销、市场推广以及提高经济效益和社会效益都有着巨大的作用，是实现产品商业价值的重要手段。

一、包装的基本要求

茶叶贮运流通过程中的静态保护（如防透气、防潮、防霉、防异味、防光照等）和动态保护（如防碰、防挤压、防跌落、防过度堆码等）都与茶叶商品包装有关。好的包装不仅可以减少损耗，减少流通费用，而且可以加速茶叶商品流通，促进茶叶商品销售，便于市场营销。同时，多样化的包装规格和美丽的外观装潢，可以满足不同层次消费者的需求，显著提升茶叶产品的市场价值。

作为一种饮用商品，茶叶包装除外表美观大方，选用材料必须质量可靠，合乎卫生标准。

茶叶包装的基本要求：

牢固、整洁、美观、密封、无毒、无味。

包装上应标明茶叶类别、等级、批号、毛重、净重、国名、厂名等。

茶叶小包装应符合食品标签通用标准的规定，标明茶叶品名、等级、净重、批号、生产日期、保存期限、贮藏指南、品饮方法、产品标准代号、商标、代码、厂名、厂址及联系电话等。

二、包装的种类

根据商品包装的分类原理和茶叶商品封闭包装的实际情况，茶叶包装可分为软包装和硬包装两大类。软包装有纸包装、纸箱包装、布袋包装、麻袋包装、塑料薄膜包装、铝箔包装、编织袋及复合材料包装等；硬包装有木箱包装、竹器包装、玻璃包装、金属包装、陶瓷包装、胶合板及硬质塑料包装等。

如果仔细划分，茶叶包装可分为以下十类。

①按是否直接与消费者见面划分：销售包装和运输包装。

②按包装所用材料划分：纸包装、布袋包装、麻袋包装、纸板包装、木箱包装、胶合板包装、金属包装、陶瓷包装、玻璃包装、塑料材料包装、竹篓包装和复合材料包装等。

③按用户分类划分：出口包装和内销包装。

④按贮运方式划分：集合化包装和托盘包装。

⑤按包装层次划分：内包装和外包装。内包装指茶叶的内层包装，主要是容纳茶叶，防止茶叶与外界接触，防潮、防水、防异味，保持茶叶的品质；外包装目的是方便运输和贮藏，同时用装潢设计提高包装的整体美感。

⑥按包装体大小划分：大包装、中包装和小包装。运输包装多为大包装和中包装，销售包装多为小包装。

⑦按品质方法和包装技术划分：一般包装、真空包装、无菌包装、充氮包装和除氧包装等。

⑧按包装使用次数划分：一次性包装、耐用性包装。一次性包装也称不可回收包装，而耐用性包装（如木箱、铁桶等）则可多次使用。

⑨按包装装潢及包装繁简程序划分：精包装和简易包装。精包装有多层复杂包装，外层包装讲究美观效果，注意文字及图案色彩；而简易包装一般只是一层普通包装。

⑩按包装方式及形式划分：袋包装、盒包装、瓶包装、罐包装、桶包装、箱包装等。